# 观赏海棠品种鉴别

权 键　董雷鸣　吴超然　主编

中国农业科学技术出版社

## 图书在版编目（CIP）数据

观赏海棠品种鉴别 / 权键，董雷鸣，吴超然主编. -- 北京：中国农业科学技术出版社，2024.11. -- ISBN 978-7-5116-7159-2

Ⅰ. S661.402.92

中国国家版本馆 CIP 数据核字第 2024M9C682 号

**责任编辑**　白姗姗
**责任校对**　李向荣
**责任印制**　姜义伟　王思文

| | |
|---|---|
| 出 版 者 | 中国农业科学技术出版社 |
| | 北京市中关村南大街 12 号　　邮编：100081 |
| 电　　话 | （010）82106638（编辑室） |
| | （010）82106624（发行部） |
| | （010）82109709（读者服务部） |
| 网　　址 | https://www.castp.cn |
| 经 销 者 | 各地新华书店 |
| 印 刷 者 | 北京地大彩印有限公司 |
| 开　　本 | 100 mm×185 mm　1/32 |
| 印　　张 | 5.5 |
| 字　　数 | 100 千字 |
| 版　　次 | 2024 年 11 月第 1 版　2024 年 11 月第 1 次印刷 |
| 定　　价 | 49.80 元 |

◆◆◆ 版权所有·侵权必究 ◆◆◆

# 《观赏海棠品种鉴别》编委会

**主审** 郭　翎
　　　 魏　钰

**主编** 权　键
　　　 董雷鸣
　　　 吴超然

**编委** 郝　强
　　　 刘淳洋
　　　 石青松

# 序

中文"海棠"一词美丽而浪漫,所涉及的花卉种类很多。本书阐述的观赏海棠是蔷薇科(Rosaceae)苹果属(*Malus* Mill.)中具有观赏价值的类群。观赏海棠是温带最美丽的观花、观果、观叶小乔木之一。苹果属植物全世界有35~55个种,中国是苹果属野生资源分布中心,海棠又是中国传统园林中非常重要的观赏植物,寓意美好,充满诗情画意。

过去的200年里,西方"植物猎人"从中国和东亚收集大量苹果属植物,并将其作为育种资源,逐渐培育出数以千计的观赏海棠品种。这些现代海棠品种亲本复杂,形态各异,已经是温带地区园林景观中不可或缺的元素。

国家植物园北园(原北京市植物园)自20世纪90年代从欧洲、北美多地科学引种苹果属植物资源,已累计有200余个分类群(含种、变种、变型及品种等),并向中国北方大力推广。2014年起北京市植物园承担了国际苹果属栽培品种(除苹果外)登录权威 [International Cultivar Registration Authority for *Malus* Mill. ( excluding *Malus* × *domestica* Borkh. )] 工作,组建了国际海棠栽培品种登录中心,同时建立了海棠品种范式标本馆、国际海棠网站及数据库，并出版了世界上第一本英文版的国际海棠登录簿与名录（*The International Crabapple Register and Checklist 2017*）。海棠研究团队还完成了中华人民共和国林业行业标准《植物新品种特异性、一致性和稳定性测试指南　观赏海棠》的撰写。

本书作者在以上各项严谨的工作基础上，查阅国内外大量海棠文献、苗圃目录等资料，并初步尝试运用分子标记等方法，厘清海棠品种亲缘关系，按照《国际栽培植物命名法规》对品种名称进行规范化处理，结合实地观察、拍照、记录进行对比，并依据统一标准对观赏海棠品种进行科学描述，配以清晰的照片，将观赏海棠品种花繁、叶茂、果艳、树姿优雅的特点展现在读者面前，使本书既有科学的严谨性，又有科普的趣味性，是一本帮助专业人员和爱好者深入了解观赏海棠品种知识的有益参考书。

近10年，中国海棠品种育种有着极大的发展，截至2024年累计授权的观赏海棠新品种达到了近百个，并且在世界上第一次培育出金色叶、花瓣多色等性状的新奇品种。本书承载的大量信息为未来海棠新品种育种提供了翔实的资料，打下了坚实的基础。

国际海棠栽培品种登录专家　
国际观赏海棠学会主席
原北京市植物园总工程师

# 编写说明

1. 观赏海棠为蔷薇科（Rosaceae）苹果属（*Malus*）中果实较小（直径小于等于 5 cm）的一类观赏植物。

2. 本书正文中出现"国家植物园（北园）"，指原"北京市植物园"。

3. 本书正文中，除特别说明之外，"品种"均指代"栽培品种（cultivar）"。

4. 本书收录国家植物园（北园）目前露地保存、适宜中国北方气候条件且可正常开花结果的观赏海棠共计 70 个品种（含栽培种，不含野生种）。每个条目以中文名和学名（正确名称或接受名称）为标题，列出识别要点、品种溯源、综合研究，以及引种信息等基本内容；如果有异名、商业指称、中文别名、英文俗名等，也如实列出。

5. 正确名称（correct name）指按照《国际藻类、菌物和植物命名法规（深圳法规）2018》第 6.6 条应当采用的、科或科以下等级的一个具有特定界定、位置和等级的分类群的合法名称。接受名称（accepted name）指一个栽培品种、栽培群、杂交群或属间嫁接嵌合体最早的、除了某些具体指定的情况之外应当采用的那个名称。异名（synonym）指某一特定分类群的没有成为接受名称（或正确名称）的建立名称（或合格发表的名称）。商业指称（trade designation）指当一种植物原本的名称被认为不合适营销目的时，用于营销该植物的一个标记；西文的商业指称用小型大写字母表示。

6. 关于本书植物中文名的写法，有如下三种情况需要说明：第一种情况是中国自主培育的海棠品种，名称（品种加词）为汉字形式，根据《国际栽培植物命名法规 第九版》（以下简称《法规》）可标音为汉语拼音形式，这时汉字形式和汉语拼音形式品种加词均加单引号，例如'胭影'海棠（*Malus* 'Yan Ying'）；第二种情况是海棠品种名称（品种加词）或商业指称为西文形式，这时如果写为汉字形式，则是对加词或西文商业指称进行翻译，翻译的加词被视为商业指称，翻译的西文商业指称也仍然是商业指称，因此参考《法规》第 17 条汉语商业指称的写法，用方括号括起，例如［春雪］海棠（*Malus* 'Spring Snow'）和［金雨滴］海棠 *Malus transitoria* 'Schmidtcutlea'（GOLDEN RAIN-DROPS）；第三种情况是以物种形式命名的栽培种，学名中没有品种加词，已有惯用中文名，不再另作翻译，例如，萨氏海棠（*Malus sargentii*）。

7. 本书全部观赏海棠品种学名（接受名称）均根据文献考证而确定。中文名均根据学名、品种溯源、商业指称、英文俗名等资料综合分析所确定，部分品种加词以地名、真实人名而命名，翻译时参考《世界地名翻译大辞典》和《世界人名翻译大辞典》，其中未收录的人名、地名采用音译，因此本书中有些中文名与原有的常用中文名不同。

8. 本书中观赏海棠品种识别要点，均根据笔者多年观察总结而成，不考虑特定时期、特定个体的差异；品种溯源和综合研究部分，以育种家、历任国际海棠栽培品种登录专家或权威机构所著出版物、美国植物专利授权文件、国内外海棠研究论文及笔者所做实验结果等为依据；引种信息参考国家植物园（北园）植物档案，显示第一次引种时间和来源。

9. 本书观赏海棠品种排列顺序，按照花色由浅到深依次为白、淡粉、粉、深粉、深红和复色；同花色下依花蕾颜色排序白、淡粉、粉、深粉、深红；如花色相同且花蕾颜色也相同，则按中文名拼音顺序排列。

10. 本书中提及的海棠果实直径，指果实的水平投影面直径。

11. 本书所有照片均由权键拍摄。照片标注号码，分别表示 ❶ 花、❷ 花蕾、❸ 果、❹ 全株。

12. 本书笔者指所有主编和编委，笔者的实验和结果分析由董雷鸣主持完成。

13. 感谢《国际栽培植物命名法规》专家靳晓白、国际海棠栽培品种登录专家郭翎、国家植物园（北园）副园长魏钰在本书撰写过程中给予的专业指导与无私帮助。感谢刘东燕、张辉、刘东焕等领导给予的鼓励与支持。

# 目录

01 [春雪]海棠
   *Malus* 'Spring Snow' / 002

02 [道格]海棠
   *Malus* × *robusta* 'Dolgo' / 004

03 [金雨滴]海棠
   *Malus transitoria* 'Schmidtcutleaf' / 006

04 '雪柱'海棠
   *Malus* 'Xue Zhu' / 008

05 [红珠宝]海棠
   *Malus* 'Jewelcole' / 010

06 [饴糖]海棠
   *Malus* 'Sutyzam' / 012

07 [阿迪朗达克]海棠
   *Malus* 'Adirondack' / 014

08 [棒糖]海棠
   *Malus* 'Lollizam' / 016

09 [宝石]海棠
   *Malus* 'Jewelberry' / 018

10 [红玉]海棠
   *Malus* 'Red Jade' / 020

11 [金蜂]海棠
*Malus* 'Golden Hornet' / 022

12 萨氏海棠
*Malus sargentii* / 024

13 [萨拉]海棠
*Malus* 'Sarah' / 026

14 [雪球]海棠
*Malus* 'Snowdrift' / 028

15 [大卫]海棠
*Malus* 'David' / 030

16 [伊芙]海棠
*Malus* 'Eve Reste' / 032

17 [火焰]海棠
*Malus* 'Flame' / 034

18 [金丰收]海棠
*Malus* 'Hargozam' / 036

19 [灰姑娘]海棠
*Malus* 'Cinzam' / 038

20 [白瀑布]海棠
*Malus* 'Cascole' / 040

21 [施普伦格教授]海棠
*Malus* × *zumi* 'Professor Sprenger' / 042

22 [莫莉安]海棠
*Malus* 'Mollie Ann' / 044

23 [火鸟]海棠
*Malus sargentii* 'Select A' / 046

24 [美果]祖米海棠
*Malus* × *zumi* 'Calocarpa' / 048

25 [红哨兵]海棠
*Malus* × *robusta* 'Red Sentinel' / 050

26 [唐纳德怀曼]海棠
*Malus* 'Donald Wyman' / 052

27 [勇士]海棠
*Malus* 'Lanzam' / 054

28 八棱海棠
*Malus* × *robusta* / 056

29 [克勒姆]海棠
*Malus ioensis* 'Klehm's Improved Bechtel' / 058

30 海棠花
*Malus spectabilis* / 060

31 [伊索]海棠
*Malus* 'Van Eseltine' / 062

32 垂丝海棠
*Malus halliana* / 064

33 [粉公主]海棠
*Malus* 'Parrsi' / 066

34 [红裂]海棠
*Malus* 'Coralcole' / 068

35 [路易莎]海棠
*Malus* 'Louisa' / 070

36 [草莓果冻]海棠
*Malus hupehensis* 'Strawberry Parfait' / 072

37 [薄荷糖]海棠
*Malus sargentii* 'Candymint' / 074

38 多花海棠
*Malus floribunda* / 076

39 [白兰地]海棠
*Malus* 'Branzam' / 078

40 [粉芽]海棠
*Malus* 'Pink Spires' / 080

41 [利塞特]海棠
*Malus* 'Liset' / 082

42 [马卡米克]海棠
*Malus* 'Makamik' / 084

43 [内维尔]海棠
*Malus* 'Neville Copeman' / 086

44 [印第安魔力]海棠
*Malus* 'Indian Magic' / 088

45 [印第安夏天]海棠
*Malus* 'Indian Summer' / 090

46 [红丽]海棠
*Malus* 'Red Splendor' / 092

47 [紫雨滴]海棠
*Malus transitoria* 'JFS-KW5' / 094

48 [钻石]海棠
*Malus* × *adstringens* 'Sparkler' / 096

49 [秀场]海棠
*Malus* 'Shotizam' / 098

50 [春喜]海棠
*Malus* 'Hub Tures' / 100

51 '胭影'海棠
*Malus* 'Yan Ying' / 102

52 [主教]海棠
*Malus hupehensis* 'Cardinal' / 104

53 [草原之火]海棠
*Malus* 'Prairifire' / 106

54 [亚当斯]海棠
*Malus* 'Adams' / 108

55 [皇家美人]海棠
*Malus* 'Royal Beauty' / 110

56 [丰花]海棠
*Malus* × *moerlandsii* 'Profusion' / 112

57 [红巴伦]海棠
*Malus* 'Red Barron' / 114

58 [霍巴]海棠
*Malus* × *adstringens* 'Hopa' / 116

59 [凯尔西]海棠
*Malus* × *adstringens* 'Kelsey' / 118

60 [雷蒙]海棠
*Malus* × *purpurea* 'Lemoinei' / 120

61 [完美紫叶]海棠
*Malus* 'Coppurple' / 122

62 [绚丽]海棠
*Malus* 'Radiant' / 124

63 [鲁道夫]海棠
*Malus* 'Rudolph' / 126

64 [罗宾逊]海棠
*Malus* 'Robinson' / 128

65 [玫瑰柱]海棠
*Malus* 'Velvetcole' / 130

66 [橘色冲击]海棠
*Malus* 'Orange Crush' / 132

67 [王族]海棠
*Malus* 'Royalty' / 134

68 '国植新艳'海棠
*Malus* 'Guo Zhi Xin Yan' / 136

69 [塞尔扣克]海棠
*Malus* 'Selkirk' / 138

70 [春荣]海棠
*Malus* 'Spring Glory' / 140

参考文献 / 142

中文名称索引(含中文名、中文别名)
　　　　/ 147

西文名称索引(含学名、异名、商业指称
　　　和英文俗名)/ 152

附录:树冠形状示意图 / 157

# 观赏海棠品种鉴别

# 01 [春雪]海棠
## *Malus* 'Spring Snow'

【中文别名】[春之雪]海棠

【识别要点】树冠卵形,花蕾白色,有时带淡粉色;开花纯白色、单瓣,有香味。几乎不育,没有果实。

【品种溯源】[春雪]海棠是从[道格]海棠(*Malus* × *robusta* 'Dolgo')种子产生的实生后代中选育出的。由加拿大人阿尔伯特·波特(Albert J. Porter)培育,后转让给美国的州际苗圃(Inter-State Nurseries),1965年11月通过国际海棠栽培品种登录;1965年9月提交专利申请,于1966年9月取得美国植物专利权(USPP02667)。

【综合研究】[春雪]海棠每年都能开出许多大而洁白的花朵。开花末期,树上的花瓣随着春风拂动而飘落,犹如天降白雪覆盖满地,具有很好的观赏效果,特别适合公共绿地。该品种花期较早、抗病性良好。与[道格]海棠相比,[春雪]海棠的花朵更大,观赏效果更好。最重要的是由于它不育的习性,避免了因果实采摘对树体造成的破坏,也消除了因落果而产生垃圾的问题。

【引种信息】2011年国家植物园(北园)从美国引种。

[春雪]海棠

## 02 [道格]海棠
***Malus* × *robusta* 'Dolgo'**

【中文别名】铃铛果,山西小红果

【识别要点】树冠宽卵形,花蕾白色带粉色,开花白色、单瓣;果实为深红色,直径可达 4.4 cm。果萼宿存,果实 8 月下旬成熟,早落。

【品种溯源】美国人尼尔斯·汉森(Niels E. Hansen)于 1897 年从俄国带回一批八棱海棠(*Malus* × *robusta*)的种子,在南达科他州播种产生的实生苗中选出[道格]海棠。"Dolgo"是俄语单词,表示"长",指的是该品种卵形的长果实。

【综合研究】[道格]海棠兼具食用价值和观赏价值。该品种 1923 年被引种到我国牡丹江后,在我国东北多地作为食用品种栽培,也用作栽培苹果的授粉树。[道格]海棠是最早开花的品种之一,其果实鲜红美丽;植株抗病、耐寒,适应性强,适合在我国北方大部分地区,乃至华东、华中生长。

【引种信息】1990 年国家植物园(北园)从美国引种,曾被推广到上海以及中国北方多地种植,2007 年获得北京市良种证。

[道格]海棠

## 03 [金雨滴]海棠
### *Malus transitoria* 'Schmidtcutleaf'

【商业指称】GOLDEN RAINDROPS

【中文别名】[金雨点]海棠

【识别要点】树冠卵形；叶狭长、有皱，通常3裂。花蕾白色，略带淡粉色，开花白色、单瓣；花期较晚。果实为金黄色，直径不足1.0 cm，成熟时萼片脱落。

【品种溯源】[金雨滴]海棠是花叶海棠(*Malus transitoria*)的后代，培育时间不详，但早于1994年，由弗兰克·施密特父子公司(J. Frank Schmidt & Son Co.)推向市场。据其培育者基思·沃伦(Keith Warren)回忆，他在一个细雨蒙蒙的秋日，从苗圃试验区的一株树下经过，抬头一看，黄色的小果实闪闪发光，"金雨滴"(Golden Raindrops™)的商标名由此诞生。

【综合研究】[金雨滴]海棠花期比大多数观赏海棠大约晚一周。它的花是白色的，花瓣较窄，因此整朵花看起来像星星；果实很小，从远处看不那么明显，所以最好从树冠下仰望欣赏。

【引种信息】2011年国家植物园(北园)从美国引种。

[金雨滴]海棠

## ④ '雪柱'海棠
### *Malus* 'Xue Zhu'

【识别要点】树冠帚形;花蕾白色,开花白色、单瓣,有香味;果实为黄色带红晕,直径约 1.3 cm,成熟时萼片脱落。

【品种溯源】2007 年由国家植物园(北园)曹颖等在河北怀来栽培的八棱海棠(*Malus* × *robusta*)群体中发现,2008 年通过无性扩繁,经过多年观察,品种性状保持稳定。由于其树体高大,枝条向上伸展,植株矗立如柱,花色洁白如雪,故得名'雪柱'。2018 年 6 月通过国际海棠栽培品种登录(登录号:ICRA/M20180003Y)。

【综合研究】该品种生长势强,花期较早,秋色叶为橘黄色,挂果期很长。与八棱海棠相比,'雪柱'海棠树冠更窄,花色更白,果实更小,成熟时为黄色带红晕,而不会完全变为红色,易于辨别。

【引种信息】国家植物园(北园)自主选育的观赏海棠品种之一。

'雪柱'海棠

## 05 [红珠宝]海棠
*Malus* 'Jewelcole'

【商业指称】Red Jewel

【中文别名】[红宝石]海棠

【识别要点】树冠卵形，花蕾淡粉色，开花白色、单瓣，有香味；果实为红色，直径约 1.0 cm，成熟时萼片脱落。果实可以宿存到冬季，甚至翌年早春。

【品种溯源】[红珠宝]海棠的亲本不详，由美国人威廉·柯林斯（William H. Collins）在俄亥俄州播种的一批苗木中发现并选育，后来转让给科尔苗圃公司（Cole Nursery Company, Inc.）。1971 年 2 月提交申请，1972 年 12 月取得美国植物专利权（US PP3267）。

【综合研究】[红珠宝]海棠开花结果量大，果实颜色鲜艳，宿存时间长，但霜冻后果实会变黑。落叶期晚，耐寒且抗病能力强。另有一个名为 *Malus* 'Red Ruby' 的品种，中文翻译为[红宝石]海棠，应注意区分。

【引种信息】2009 年国家植物园（北园）从美国引种。

[红珠宝]海棠

## 06 [饴糖]海棠
## *Malus* 'Sutyzam'

【异名】*Malus* 'Milton Baron No.1', *Malus* 'Milton Baron No.2'

【商业指称】Sugar Tyme

【中文别名】[百里香甜]海棠,[糖美林]海棠,[甜蜜时光]海棠

【识别要点】树冠扁圆形;花蕾淡粉色,开花白色、单瓣,有香味;果实为红色,直径约1.2 cm,成熟时部分果实的萼片脱落。果实可常年挂在树上。

【品种溯源】[饴糖]海棠是[美果]祖米海棠(*Malus* × *zumi* 'Calocarpa')的实生后代,于1965年在美国密歇根州立大学(Michigan State University)米尔顿·巴伦(Milton Baron)教授的花园中被发现。最初以米尔顿·巴伦的名字命名,后改名为"Sugartyme",最终在申请专利权时定名为 *Malus* 'Sutyzam'。培育人是詹姆斯·赞皮尼(James W. Zampini),1988年10月提交专利申请,1989年12月取得美国植物专利权(US PP07602)。

【综合研究】1986年夏季的 *Malus* 期刊上,莱斯特·尼科尔斯(Lester P. Nichols)曾记录"Sugartyme"对应的植物是原"Milton Baron No.2",但在1987年夏季的该期刊上,他又记录"Sugartyme"对应的植物是原"Milton Baron No.1"。

【引种信息】2011年国家植物园(北园)从美国引种。

# 07 [阿迪朗达克]海棠
## *Malus* 'Adirondack'

【中文别名】[阿达克]海棠

【识别要点】树冠倒卵形;花蕾粉色,开花为白色、单瓣,花瓣边缘呈波状,有淡香;果实橙红色,直径约 1.3 cm,成熟时萼片脱落。挂果期可到 12 月。

【品种溯源】[阿迪朗达克]海棠由美国国家树木园的园艺学家唐纳德·埃戈尔夫(Donald R. Egolf)选育并命名,"Adirondack"是美国纽约州北部的山脉。该品种从 500 多株垂丝海棠(*Malus halliana*)实生苗中脱颖而出。这些幼苗最初是接种了火疫病(Fire blight)用来筛选抗病植株的材料。

【综合研究】埃戈尔夫一直致力于开发优良的抗病无性系,并从中国、韩国和日本的现代植物探索中选择优良无性系。1974 年,埃戈尔夫在经过抗病筛选的垂丝海棠实生苗群体中,进一步筛选出形态独特、花朵优雅、果实多彩的[阿迪朗达克]海棠,并于 1987 年发布,该品种不仅抗火疫病,而且不易感染黑星病(Scab)、锈病(Cedar-apple rust)和白粉病(Powdery mildew)。它在北京的表现十分优秀,花繁叶茂,结果量大、观果期长;适用于我国北方小庭院及建筑前种植,也可用于路边行道树。果实在树上浆化后可为鸟类提供食物。

【引种信息】2001 年国家植物园(北园)从荷兰引种。

## 08 [棒糖]海棠
### *Malus* 'Lollizam'

【商业指称】Lollipop

【识别要点】树冠扁圆形;花蕾粉色,开花白色、单瓣,有香味;果实为红色,直径约 1.5 cm,成熟时萼片脱落。

【品种溯源】[棒糖]海棠的亲本不详,1998 年以前,由美国人詹姆斯·赞皮尼选育,育种人的女儿玛丽亚(Maria Zampini Pettorini)在国际海棠学会的期刊 *Malus* 第 12 期第 2 册中对其观赏性状做了介绍,但没有记录育种信息。笔者通过分子标记信息推测,它可能是三叶海棠(*Malus toringo*,异名 *Malus sieboldii*)的衍生品种。

【综合研究】[棒糖]海棠树体较矮,枝条浓密,开花量大;正如它的名字一样,春天开满芳香的白色花朵时就像树干上顶着一大颗糖果。适合在空间有限的地方种植,例如小型花园或较大的容器。

【引种信息】2008 年国家植物园(北园)从美国引种。

## 09 [宝石]海棠
*Malus* 'Jewelberry'

【异名】*Malus* 'Simpson 7-62'

【识别要点】树冠扁圆形；花蕾粉色，开花白色或略带淡粉色、单瓣；果实为亮红色，直径约1.2cm，晚秋成熟，成熟时萼片脱落。

【品种溯源】[宝石]海棠亲本不详，1962年左右由美国辛普森果园公司（Simpson Orchard & Co.）培育。笔者通过分子标记信息推测，它可能是三叶海棠（*Malus toringo*）的衍生品种。

【综合研究】该品种树体矮小，有时呈灌木状，花繁果盛，观果期长，适合小庭院种植，还可用于培育盆景。

【引种信息】1990年国家植物园（北园）从美国引种。

# ⑩ [红玉]海棠
## *Malus* 'Red Jade'

【识别要点】树冠伞形,花蕾粉色,开花白色、单瓣,有香味;果实为亮红色,直径约 1.2 cm。成熟时萼片脱落。果实可以宿存到冬天。

【品种溯源】[红玉]海棠是[蒂尔阁下]海棠(*Malus* 'Exzellenz Thiel')的实生后代。1935年,乔治·里德(George M. Reed)在美国纽约布鲁克林植物园发现,1953年命名,1956年取得美国植物专利(US PP01497)。

【综合研究】[蒂尔阁下]海棠由[垂枝]楸子(*Malus prunifolia* 'Pendula')与多花海棠(*Malus floribunda*)杂交而成,因此有资料将[红玉]海棠写作 *Malus* × *scheideckeri* 'Red Jade',其中 *Malus* × *scheideckeri* 代表楸子(*Malus prunifolia*)与多花海棠的杂交组合。[红玉]海棠垂枝明显,开花量大,观果期长,适合孤植或在山石、水边栽植。[红玉]海棠在某些地区会出现严重的黑星病、火疫病和白粉病,但易感性可能是一个区域性问题,而不一定是全球性问题。

【引种信息】1990年国家植物园(北园)从美国引种,曾被推广到上海以及中国北方多地种植,2007年获得北京市良种证。

[ 红玉 ]海棠

# ⑪ [金蜂]海棠
## *Malus* 'Golden Hornet'

【中文别名】[金黄蜂]海棠

【识别要点】树冠宽卵形,花蕾粉色,开花白色、单瓣,有香味;果实为金黄色,直径约 2.0 cm,成熟时部分果实萼片宿存。挂果期可至 11 月。

【品种溯源】[金蜂]海棠被认为是[美果]祖米海棠(*Malus* × *zumi* 'Calocarpa')产生的实生苗,1949 年以前,由英国约翰·沃特父子公司(John Waterer & Sons)推出。

【综合研究】由于祖米海棠(*Malus* × *zumi*)是毛山荆子(*Malus mandshurica*)与三叶海棠(*Malus toringo*)的杂交组合,因此[金蜂]海棠有时直接被当作三叶海棠的后代;但[金蜂]海棠并非人工杂交选育,亲本也不明确,所以笔者认为其学名应写为 *Malus* 'Golden Hornet'。[金蜂]海棠 1949 年获英国皇家园艺学会花园功绩奖(Royal Horticultural Society's Award of Garden Merit)。该品种白花黄果,秋季叶色金黄,观赏价值高,还可作为苹果栽培的授粉树。

【引种信息】2000 年国家植物园(北园)从荷兰引种。

## ⑫ 萨氏海棠
### *Malus sargentii*

【中文别名】萨金特海棠，撒式海棠，萨式海棠

【识别要点】树体矮小，树冠扁圆形，树枝节间通常较短。花蕾粉色，开花白色、单瓣；果实为深红色，直径约 0.8 cm，成熟时萼片脱落。花期略晚于其他品种，秋季叶色变为橙色或黄色，结果量大、挂果时间长。

【品种溯源】萨氏海棠并不是真正意义上的种。1892 年，美国阿诺德树木园的主任查尔斯·萨金特（Charles S. Sargent）在日本北海道采集的 4681 号种子，播种产生。1903 年阿尔弗雷德·雷德尔（Alfred Rehder）以萨金特的名字命名。种加词 "*sargentii*" 是英文 "sargent" 加上拉丁语属格词尾，此处沿用该种原有常用中文名称"萨氏海棠"，不依照人名翻译规则。

【综合研究】有学者认为，萨氏海棠与三叶海棠（*Malus toringo*）或祖米海棠（*Malus* × *zumi*）有关，甚至曾将其归入梨属（*Pyrus*）。一年生的萨氏海棠树形与三叶海棠确实很相似，但不久之后三叶海棠的生长会迅速超过萨氏海棠。另外，萨氏海棠的叶形和尺寸都与 [美果] 祖米海棠（*Malus* × *zumi* 'Calocarpa'）很像，但萨氏海棠大部分叶片不裂，只是偶尔会在靠近基部有裂，而 [美果] 祖米海棠的叶子更薄、绿色更浅，果实更大、更红。

【引种信息】1990 年国家植物园（北园）从美国引种。

## ⓭ [萨拉]海棠
*Malus* 'Sarah'

【中文别名】[莎拉]海棠

【识别要点】树冠倒卵形。花蕾初时粉色逐渐变为白色,开花白色、半重瓣或重瓣;果实为橙色,直径约 1.0 cm,萼片脱落后留下的萼痕很大。

【品种溯源】[萨拉]海棠是[秋荣]海棠(*Malus* 'Autumn Glory')与[天使合唱团]海棠(*Malus* 'Angel Choir')杂交的后代,1990 年由美国人约翰·菲亚拉(John L. Fiala)育成,以美国伊利诺伊州一位杰出的女园艺师萨拉·克勒姆(Sarah Klehm)命名。

【综合研究】[萨拉]海棠是罕见的白花重瓣观赏海棠,花期较大多数观赏海棠晚。从它的重瓣花、梨形的果实以及萼片脱落后留下的痕迹等形态特征,都能发现出它与[伊索]海棠(*Malus* 'Van Eseltine')有联系,只是颜色不同;笔者通过文献追溯亲缘关系,证实[伊索]海棠参与了[天使合唱团]海棠的育种,而[天使合唱团]海棠是[萨拉]海棠的亲本之一。

【引种信息】2016 年国家植物园(北园)从美国引种。

## ⑭ [雪球]海棠
### *Malus* 'Snowdrift'

【中文别名】[香雪海]海棠，[雪坠]海棠

【识别要点】树冠扁圆形；花蕾粉色，开花为白色、单瓣；果实橙红色，直径不足 1.0 cm，成熟时萼片脱落。

【品种溯源】[雪球]海棠 1965 年由美国俄亥俄州的科尔苗圃公司推出。亲本记录不明确，1963 年通过当时的国际海棠栽培品种登录权威——阿诺德树木园发布的名称为 *Malus baccata* 'Snowdrift'，但是笔者的分子标记数据显示该品种与[勇士]海棠（*Malus* 'Lanzam'）关系极近，推测是三叶海棠（*Malus toringo*）的衍生品种。

【综合研究】[雪球]海棠是出色的白花海棠品种，盛花期时非常壮观，它耐寒，只需低维护，适合做行道树。该品种挂果期较长，冬天果实会被鸟类吃掉。

【引种信息】1990 年国家植物园（北园）从美国引种，曾被推广到上海和新疆克拉玛依等地以及我国北方多个植物园栽植，2007 年取得北京市良种证。

[雪球]海棠

## ⑮ [大卫]海棠
### *Malus* 'David'

【识别要点】树冠卵形；花蕾粉色，开花白色、单瓣，有香味；果实为红色，直径约 1.2 cm，成熟时萼片脱落。

【品种溯源】[大卫]海棠父母本不详。1940 年阿里登·波尔（Arie den Boer）从莫顿树木园获得的植物材料培育而成，1957 年以波尔的一个孙子命名。

【综合研究】1940 年，波尔从莫顿树木园引种雾岛海棠（*Malus halliana* var. *spontanea*），但萌发的芽生长与原种不同，波尔认为这些芽可能来自砧木，但也有学者推测垂丝海棠（*Malus halliana*）是亲本之一，目前存疑。笔者通过分子标记信息发现，它与[美果]祖米海棠（*Malus* × *zumi* 'Calocarpa'）关系极近，可能是三叶海棠（*Malus toringo*）的衍生品种。该品种挂果期长，果色艳丽，可吸引鸟类；具有良好的抗病性。

【引种信息】2008 年国家植物园（北园）从美国引种。

## ⑯ [伊芙]海棠
### *Malus* 'Eve Reste'

【商业指称】Perpetu

【中文别名】[高峰]海棠,[艾伟]海棠

【识别要点】树冠扁圆形;花蕾粉色,开花白色带淡粉色、单瓣;果实为红黄相间色,直径约2.5 cm,成熟时部分果实萼片脱落。

【品种溯源】[伊芙]海棠亲本不详,笔者根据分子标记结果推测是三叶海棠(*Malus toringo*)的衍生品种。1974年由法国国家农业研究所(Institut national de la recherche agronomique,INRA)培育。该品种是以一位名叫伊芙·雷斯特(Eve Reste)的女人命名的,而不是以珠穆朗玛峰(Everest)命名。

【综合研究】[伊芙]海棠幼年时生长旺盛,树冠紧凑,随着年龄的增长,树枝末端下垂。春天时会开出大量的花朵,秋季果实颜色鲜艳,冬季仍可观果。此品种曾多次获得英国皇家园艺协会的奖项。它不易感病,可作为苹果栽培的授粉树。

【引种信息】2001年国家植物园(北园)从荷兰引种。

## ⑰ [火焰] 海棠
*Malus* 'Flame'

【异名】*Malus* 'Minnesota No.635'

【识别要点】树冠扁圆形；花蕾粉色，开花白色、单瓣；果实为鲜红色，直径约 2.0 cm，成熟时萼片宿存。

【品种溯源】[火焰] 海棠源于一批不知亲本的苹果幼苗，1920 年由明尼苏达州大学果树繁育农场发现，1934 年发布；取名"火焰"，是指它成熟后果实的颜色为红色。

【综合研究】[火焰] 海棠十分耐寒，观果期长，但抗病性稍差。

【引种信息】1990 年国家植物园（北园）从美国引种，曾推广到上海和中国北方多个植物园种植，2007 年取得北京市林木良种证。

## 18 [金丰收]海棠
*Malus* 'Hargozam'

【商业指称】Harvest Gold

【中文别名】[金色收获]海棠

【识别要点】树冠卵形;花蕾粉色,开花白色、单瓣;果实为黄色,直径约 1.5 cm,成熟时部分果实萼片脱落,果实宿存。秋季叶橙色。

【品种溯源】[金丰收]海棠的亲本不详,由美国人詹姆斯·赞皮尼选育,大约 1985 年由俄亥俄州湖县苗圃(Lake County Nursery,OH)推向市场。

【综合研究】据报道,[金丰收]海棠具有耐盐性。[金丰收]海棠树姿挺拔,春季开满繁花;秋季果实成熟时,枝梢的树叶也变为橙色,整个树冠被一层金色笼罩,非常引人注目。

【引种信息】2011 年国家植物园(北园)从美国引种。

## 19 [灰姑娘]海棠
*Malus* 'Cinzam'

【商业指称】Cinderella

【识别要点】树冠宽卵形,花蕾红色,开花白色、单瓣;果实为黄色,直径不足 1.0 cm。成熟时萼片脱落,果实宿存持久。秋季叶色金黄。

【品种溯源】[灰姑娘]海棠的亲本不详,笔者根据分子标记的结果发现,它与[棒糖]海棠(*Malus* 'Lollizam')的关系极近,推测它应该也是三叶海棠(*Malus toringo*)的衍生品种。由美国人詹姆斯·赞皮尼选育,1991 年由俄亥俄州湖县苗圃推出。

【综合研究】[灰姑娘]海棠树体矮小,适合小型花园种植。它的叶有裂,秋季会变为黄色。抗黑星病能力强。

【引种信息】2011 年国家植物园(北园)从美国引种。

## ⑳ [白瀑布]海棠
*Malus* 'Cascole'

【商业指称】WHITE CASCADE

【识别要点】树冠伞形;花蕾深粉色,开花为白色、单瓣;果实为黄色至黄绿色(阳光下的果实表面有红晕,荫蔽处的果实更偏绿色),直径约1.0 cm,成熟时萼片脱落。果实在9月下旬至10月初达到最佳颜色,经历严寒之后,果实的颜色由黄色变为棕橙色(Brownish Orange)。

【品种溯源】[白瀑布]海棠是从祖米海棠(*Malus × zumi*)的种子产生的实生后代中选育出的。由美国人亨利·罗斯(Henry Ross)培育,之后转让给科尔苗圃公司,1973年8月提交专利申请,1974年11月取得美国植物专利权(US PP03644)。

【综合研究】[白瀑布]海棠是生长速度中等到快速的小树,枝条明显下垂,每根树枝都呈拱形,花繁叶茂、结果量大、花期较早,特别适合普通景观和公园种植。伊利诺伊大学(University of Illinois)研究表明它的抗病能力优良。挂果时间很长,果实最终被鸟类吃掉。

【引种信息】2011年国家植物园(北园)从美国引种。

# ㉑ ［施普伦格教授］海棠
*Malus* × *zumi* 'Professor Sprenger'

【中文别名】[ 斯普伦教授 ] 海棠，[ 斯教授 ] 海棠

【识别要点】树冠扁圆形。花蕾初时深粉色逐渐变为白色带粉，开花白色、单瓣，有较浓香味；果实为橙色带粉红色晕，直径约 1.0 cm，成熟时部分果实的萼片脱落。

【品种溯源】[ 施普伦格教授 ] 海棠 1950 年以前由荷兰海牙公园部的西蒙·多伦博斯（Simon G. A. Doorenbos）选育，以当时荷兰瓦赫宁根大学园艺系主任施普伦格教授（Professor Sprenger）命名。该品种是祖米海棠（*Malus* × *zumi*）的实生后代。

【综合研究】[ 施普伦格教授 ] 海棠病虫害少，鸟不吃其果实，因此挂果时间也较长。适合在我国北方地区园林中推广。

【引种信息】2001 年国家植物园（北园）从荷兰引种。

# ㉒ [莫莉安]海棠
## *Malus* 'Mollie Ann'

【中文别名】[茉莉安]海棠

【识别要点】树冠宽卵形;花蕾深粉色,开花白色、单瓣,花瓣较窄;果实为红色,直径约1.0 cm,成熟时萼片脱落。

【品种溯源】[莫莉安]海棠1978年由美国人约翰·菲亚拉育成,以育种人姐姐的名字命名。这是一个不同寻常的诱导八倍体,并且由祖米海棠(*Malus* × *zumi*)、[多罗西娅]海棠(*Malus* 'Dorothea')、[摇篮曲]海棠(*Malus* 'Lullaby')、[神社]海棠(*Malus* 'Shinto Shrine')多重杂交参与其中。

【综合研究】[莫莉安]海棠具有独特的半垂枝习性,不易感病。

【引种信息】2016年国家植物园(北园)从美国引种。

## 23 [火鸟]海棠
*Malus sargentii* 'Select A'

【商业指称】Firebird

【识别要点】树冠宽卵形;花蕾深粉色,开花白色、单瓣;果实为鲜红色,直径不足 1.0 cm,成熟时萼片脱落,果实可宿存到翌年春季。

【品种溯源】[火鸟]海棠从萨氏海棠(*Malus sargentii*)开放授粉的实生苗中选育,美国人迈克尔·扬尼(Michael D. Yanny)发现并培育。1999 年 3 月提交专利申请,2002 年 5 月取得美国植物专利权(US PP12621 P2)。

【综合研究】[火鸟]海棠树形非常紧凑,生长缓慢;曾记载一株生长 18 年的苗只有 1.5 m 高。其果实色彩鲜艳,挂果期长,果实在树上变软后,成为鸟类喜爱的食物。

【引种信息】2011 年国家植物园(北园)从美国引种。

[火鸟]海棠

## 24 [美果]祖米海棠
*Malus* × *zumi* 'Calocarpa'

【中文别名】[美果]珠美海棠,[美果]朱眉海棠

【英文俗名】Redbud crabapple, Redbud crab, Beautiful-fruit zumi crabapple

【识别要点】树冠宽卵形;花蕾深粉色,开花白色、单瓣,有较浓香味;果实为鲜红色,背阴面通常颜色较浅,直径不足 1.0 cm,成熟时萼片脱落,果实宿存。秋季叶变为橙色和黄色。

【品种溯源】祖米海棠(*Malus* × *zumi*)是毛山荆子(*Malus mandshurica*)与三叶海棠(*Malus toringo*)的杂交种。[美果]祖米海棠与三叶海棠特征也很相似,但树型更紧凑,开花密度更大,果实更小。1890 年,阿诺德树木园用威廉·比奇洛(William S. Bigelow)从日本寄来的种子繁殖选育而成。

【综合研究】[美果]祖米海棠叶子几乎不裂,嫩枝的叶子经常有 1~2 个裂片;果实挂在树上会变软,成为鸟类喜爱的食物。该品种也被杂交育种者大量使用,培育抗病的新品种,例如[草原之火]海棠(*Malus* 'Prairifire')、[饴糖]海棠(*Malus* 'Sutyzam')、[印第安魔力]海棠(*Malus* 'Indian Magic')等。

【引种信息】2011 年国家植物园(北园)从美国引种。

[美果]祖米海棠

## ㉕ [红哨兵]海棠
*Malus* × *robusta* 'Red Sentinel'

【识别要点】树冠宽卵形,果实较多时会将枝条压弯,使树冠趋于扁圆形;花蕾深粉色,开花白色、单瓣,有香味;果实为红色,直径约 2.5 cm,果实宿存。成熟时部分果实萼片脱落。秋季叶金黄。

【品种溯源】[红哨兵]海棠亲本和培育人不详,1959 年之前出现于新西兰,据有关资料推测其源于八棱海棠(*Malus* × *robusta*),或与山荆子(*Malus baccata*)和楸子(*Malus prunifolia*)的杂交有关。

【综合研究】[红哨兵]海棠春天树上开满白花,秋冬时节又大又红的果实挂满枝头,这些果实通常会在树上度过整个冬天,变软后成为鸟类喜爱的食物。人们也会剪下美丽的果枝用于圣诞节装饰。由于它的果实较大,不适合作行道树,但很适合在花园中种植。根据文献,另有一品种[哨兵]海棠(*Malus* 'Sentinel')树冠狭窄,花朵初开时为粉色,逐渐褪色变白,果实也是红色,但较小(直径约 1.3 cm),应注意区分。

【引种信息】2001 年国家植物园(北园)从荷兰引种。

## 26 [唐纳德怀曼]海棠
*Malus* 'Donald Wyman'

【中文别名】[唐纳德]海棠,[当娜]海棠

【识别要点】树冠卵形;花蕾深粉色,开花白色、单瓣,有香味;果实为鲜红色,直径约 1.0 cm,成熟时萼片脱落,果实宿存。

【品种溯源】[唐纳德怀曼]海棠源于一株自然播种的实生苗。笔者的分子标记结果显示,它与[饴糖]海棠(*Malus* 'Sutyzam')的关系极近,应该也是[美果]祖米海棠(*Malus* × *zumi* 'Calocarpa')的衍生品种。1950 年之前,美国的罗伯特·赫布(Robert S. Hebb)在阿诺德树木园发现,1970 年育成,以该树木园的园艺学家唐纳德·怀曼(Donald Wyman)命名。

【综合研究】[唐纳德怀曼]海棠每年都会结出大量果实,并且在整个冬天一直保持红色;在苗圃里它生长很快,需要较大空间才能充分展开。另外,还有一个名叫[唐纳德]海棠(*Malus hupehensis* 'Donald')的品种,是 1950 年由约翰·菲亚拉培育的一个四倍体或八倍体,以另一位园艺学家唐纳德·科扎克(Donald Kozak)命名,花朵粉红色,与本品种不同,应注意区分。

【引种信息】2011 年国家植物园(北园)从美国引种。

## 27 [勇士]海棠
## *Malus* 'Lanzam'

【商业指称】Lancelot

【中文别名】[兰斯洛特]海棠

【识别要点】树冠宽卵形；花蕾深粉色，开花白色、单瓣，有淡香；果实为金黄色，直径约1.2 cm，成熟时萼片脱落，果实宿存。

【品种溯源】[勇士]海棠母本是三叶海棠(*Malus toringo*)，父本不详。1976年在美国俄亥俄州科汉基农场(Kohankie Farm)被发现，经过詹姆斯·赞皮尼培育成为圆桌系列矮生海棠(Round Table Series of Dwarf Crabapples)之一。1990年12月提交专利申请，1992年12月取得美国植物专利权(US PP08056)。

【综合研究】[勇士]海棠表现出矮小、紧凑、直立的生长习性，叶片为卵状椭圆形，而不像通常有三裂叶的三叶海棠树。该品种花、果、叶的观赏效果均好，在小空间种植有优势。据育种人记录，[勇士]海棠培育过程中，是在某种苹果(*Malus* × *domestica*)砧木上进行嫁接繁殖的，还使用了嫩枝扦插的繁殖方法，成功率为95%。

【引种信息】2011年国家植物园(北园)从美国引种。

## 28 八棱海棠
*Malus × robusta*

【识别要点】树冠宽卵形,果实较多时枝条会被压弯;花蕾粉色,开花淡粉色或白色、单瓣,有香味;果实为黄底带红色,直径约 2.0 cm,成熟时完全变为红色,部分果实萼片脱落。

【品种溯源】八棱海棠是中国传统海棠品种之一,通常被认为是山荆子(*Malus baccata*)和楸子(*Malus prunifolia*)的自然杂交种。

【综合研究】据记载,1815 年左右 "*Malus × robusta*" 引入美国栽培(在此之前可能已经在欧美地区传播多年,但无记载),1920 年由阿尔弗雷德·雷德尔命名,是指由山荆子(英文俗名:Siberian Crab)和楸子(英文俗名:Plumleaf Crab)杂交而来的一大群体。由于这个群体中有相当多结出的果实大小和颜色都接近樱桃,所以被称为"樱桃海棠(Cherry Crab)"。在该名称之下,已有多个变种或品种名称,不同园子中可以看到这个群体有不同大小的果实,颜色也有红色或黄色之分。在中国,"*Malus × robusta*" 仅指八棱海棠,北京延庆、河北怀来等地作为食用品种长期栽培,也有少量作为景观用途。

【引种信息】2010 年国家植物园(北园)分别从山东泰安、河北怀来等地引种。

八棱海棠

## 29 [克勒姆]海棠
*Malus ioensis* 'Klehm's Improved Bechtel'

【异名】*Malus* 'Klehmi'

【中文别名】[克莱姆]海棠,[科里]海棠,[科里]草原海棠,[柏克德]海棠

【识别要点】树冠宽卵形,叶片顶端通常3裂。花蕾粉色,开花淡粉色、重瓣,有香味;果实成熟时淡绿色或黄绿色,直径约2.5 cm。成熟时萼片宿存。挂果期很短,果实和叶子很早会落光,留下明显的浅灰色枝干。

【品种溯源】[克勒姆]海棠是草原海棠(*Malus ioensis*)无性繁殖的后代。克莱德·克勒姆(Clyde Klehm)在美国芝加哥一个公园,从几株正在开花的、当地原生的海棠中发现了独特的一株并做了标记,秋季时克莱德找到那株树取了接穗,最终培育成这个新的品种。在此之前已有重瓣型的草原海棠品种(*Malus ioensis* 'Plena'),被称为"柏克德海棠(Bechtel Crabapple)",因此这个新品种取名 'Klehm's Improved Bechtel',意为:克勒姆改良的柏克德海棠。

【综合研究】该品种与[白兰地]海棠(*Malus* 'Branzam')相似,区别在于,后者的叶几乎不裂,春季新叶为紫红色或绿色带紫红色([克勒姆]海棠叶色均为绿色),且花色为较深的粉色,果实成熟时绿色带红晕。该品种出自北美原产的绿苹果组草原海棠,其花、果、叶均表现奇特,与我国原产苹果属植物明显不同。

【引种信息】2011年国家植物园(北园)从美国引种。

# ㉚ 海棠花
## *Malus spectabilis*

【异名】*Pyrus spectabilis*
【英文俗名】Chinese Apple Tree，Chinese Crabapple
【识别要点】树冠倒卵形，结果量大时会压弯枝条；花蕾粉色，开花淡粉色，单瓣、半重瓣、重瓣均有；果实为黄色，直径约 2.0 cm，成熟时部分果实萼片脱落。
【品种溯源】海棠花是中国传统栽培种。1780 年由一位名叫约翰·佛吉尔（John Fothergill）的英国医生从中国引种到英国邱园。1789 年，海棠花被英国植物学家威廉·艾顿（William Aiton）作为梨属植物命名为 *Pyrus spectabilis*。1803 年，德国博物学家莫里茨·博克豪森（Moritz B. Borkhausen）将其从梨属移入苹果属。1872 年，英国某苗圃主托马斯·里弗斯（Thomas Rivers）又引种了重瓣的海棠花，后被命名为 *Malus spectabilis* 'Riversii'，英文俗名为 "Rivers crabapple（里弗斯海棠）"。
【综合研究】海棠花与小果海棠（*Malus micromalus*，植物志中称为西府海棠）非常相似，两者的关系有待进一步研究。"西府海棠"在中国传统园林中常与玉兰、牡丹等植物搭配种植，被人们赋予美好的意义。曾有观点认为目前我国园林中被人们俗称为"西府海棠"的植株，多为 *Malus spectabilis* 'Riversii'。但笔者经过溯源分析和观察研判，认为我国园林中栽培的"西府海棠"应归为 *Malus spectabilis*，实际上其本身就存在单瓣、半重瓣和重瓣类型；1794 年，《柯蒂斯植物学杂志》（*Curtis's Botanical Magazine*）刊登的博物画 *Pyrus spectabilis*，绘制的就是一幅重瓣型的海棠花花枝。经过长期的种植偏好筛选，目前园林中很难见到单瓣的海棠花。
【引种信息】国家植物园（北园）在海棠园建设和其他改造工程中，多次引种。

# 31 [伊索]海棠
## *Malus* 'Van Eseltine'

【中文别名】[范艾斯亭]海棠

【识别要点】树冠卵形;花蕾粉色,开花淡粉色、重瓣,花瓣边缘波状;果实为黄色带红晕,直径约 1.8 cm,成熟时部分果实萼片脱落,果实近萼端疤痕很大。挂果期很短。

【品种溯源】1930 年美国人伊索(Van Eseltine)培育,是阿诺德海棠(*Malus* × *arnoldiana*)和海棠花(*Malus spectabilis*)杂交的后代,而阿诺德海棠是多花海棠(*Malus floribunda*)与山荆子(*Malus baccata*)自然杂交的后代。

【综合研究】[伊索]海棠开花丰满而鲜艳,树型和花都与海棠花的相似,但[伊索]海棠花更大、花瓣更多,花序更紧密。此品种生长慢,残花不落会变褐色,果实疤痕大、落果早,都影响观赏效果。

【引种信息】2000 年国家植物园(北园)从荷兰引种。

## 32 垂丝海棠
### *Malus halliana*

【英文俗名】Hall Crabapple

【识别要点】树冠宽卵形;花蕾深粉色,开花淡粉色至粉色,单瓣、半重瓣至重瓣,花瓣边缘呈波状;果实为红色(背阴面带绿色),直径不足 1.0 cm,成熟时萼片脱落。

【品种溯源】垂丝海棠是中国传统栽培种。1855—1861 年,美国园艺学家乔治·霍尔(George R. Hall)在日本生活,随后将该栽培种从日本带回美国,这也是该栽培种被记载最早从日本引入西方的原因。而据中国学者钱关泽推测,日本的垂丝海棠(在日语中被称为"Suishi kaido")应是从中国传入。1890 年,德国植物学家伯恩哈德·克内(Bernhard A. E. Koehne)根据霍尔带回的栽培植物材料描述和命名垂丝海棠。开重瓣花的 *Malus halliana* 'Parkmanii' 也是在这批栽培植物中发现的,以霍尔的一位朋友、历史学家弗朗西斯·帕克曼(Francis Parkman)命名。

【综合研究】垂丝海棠是中国著名的"海棠四品"之一,无论单瓣还是重瓣都具有高度的观赏价值,也富含深厚的文化底蕴。该种几乎没有野生分布的证据;现代园林中,单瓣的垂丝海棠非常罕见,而多见半重瓣或重瓣的类型。笔者经过溯源分析和观察研判,认为我国园林中栽培的垂丝海棠即 *Malus halliana*。

【引种信息】1986 年国家植物园(北园)从浙江杭州引种。

垂丝海棠

# 33 [粉公主]海棠
*Malus* 'Parrsi'

【中文别名】[粉红公主]海棠
【商业指称】Pink Princess
【识别要点】树冠扁圆形；花蕾深粉色，开花淡粉色、单瓣，有香味；果实红色，直径不足 1.0 cm，成熟时萼片脱落。春季枝条顶部叶为褐红色。
【品种溯源】[粉公主]海棠是萨氏海棠（*Malus sargentii*）的实生后代，1987 年由弗兰克·施密特父子公司推向市场。
【综合研究】[粉公主]海棠树型低矮、枝条平展，近于垂枝，果实小、抗病能力良好，具有萨氏海棠的所有理想特征，但颜色不同。这种矮化的海棠成群种植，作为树篱效果很好。
【引种信息】2011 年国家植物园（北园）从美国引种。

## 34 [红裂]海棠
### *Malus* 'Coralcole'

【商业指称】Coralburst
【中文别名】[珊瑚礁]海棠
【识别要点】树冠扁圆形;花蕾深粉色,开花淡粉色、重瓣,有香味;果实为黄色,直径不足1.0 cm,成熟时萼片脱落。
【品种溯源】1968年由美国人亨利·罗斯从三叶海棠(*Malus toringo*)开放授粉的实生苗中选育,是非常少见的八倍体品种。
【综合研究】[红裂]海棠树型紧密,生长慢,株型优雅,花型花色均较为特殊,是优秀的观赏品种。
【引种信息】2003年国家植物园(北园)从美国引种。

[红裂]海棠

# 35 [路易莎]海棠
## *Malus* 'Louisa'

【中文别名】[路易萨]海棠,[露易莎]海棠

【识别要点】树冠伞形;花蕾深粉色,开花淡粉色、单瓣,有香味;果实为黄色略带红色,直径约 1.0 cm,成熟时萼片脱落。

【品种溯源】[路易莎]海棠由美国马萨诸塞州玛莎葡萄园(Martha's Vineyard)的波利·希尔(Polly Hill)选育,以她的女儿路易莎·斯波茨伍德(Louisa Spotswood)命名。据希尔回忆,1959 年她在一门关于木本植物的短期课程中,获得了不知名的海棠果实,经过冬季层积后,播种在自己的苗圃里。1962 年,希尔从中选出一株有蔓延习性的幼苗。1971 年,垂枝型的树上开出粉色的花,而它结出的黄色果实只有 1.0 cm 左右,显然与原来的海棠不同。1988 年,[路易莎]海棠在弗兰克·施密特父子公司的目录中发布。笔者的分子标记结果显示,它与[红玉]海棠(*Malus* 'Red Jade')的亲缘关系很近。

【综合研究】[路易莎]海棠是优秀的垂枝型海棠品种,抗病性好,树姿优雅、花色悦目,果实玲珑,适合在我国北方庭院、建筑前种植或与假山配植。

【引种信息】2008 年国家植物园(北园)从河北石家庄引种。

## 36 [草莓果冻]海棠
*Malus hupehensis* 'Strawberry Parfait'

【识别要点】树冠卵形；花蕾深粉色，开花淡粉色、单瓣；果实为黄色带红晕，直径约 1.0 cm，成熟时萼片脱落。

【品种溯源】[草莓果冻]海棠由美国人威廉·弗莱默（William Flemer）培育，由湖北海棠（*Malus hupehensis*）与深红海棠（*Malus* × *atrosanguinea*）杂交产生；而深红海棠的亲本为垂丝海棠（*Malus halliana*）和三叶海棠（*Malus toringo*）。1979 年 1 月提交专利申请，1981 年取得美国植物专利权（US PP04632）。

【综合研究】该品种抗病性强，果实繁茂，且经冬不落，是冬季观果的绝佳品种。

【引种信息】1990 年国家植物园（北园）从美国引种，曾推广到青海西宁、上海和新疆克拉玛依等地种植，2007 年取得北京市林木良种证。

# ㊲ [薄荷糖]海棠
*Malus sargentii* 'Candymint'

【异名】*Malus* 'Candymint Sargent'

【识别要点】树冠伞形;花蕾深粉色,开花淡粉色、单瓣,花瓣边缘深粉色;果实为深红色,直径不足 1.0 cm,成熟时萼片脱落。春季新叶红色,秋季叶橙色。

【品种溯源】[薄荷糖]海棠是萨氏海棠(*Malus sargentii*)开放授粉的实生后代。由美国辛普森果园公司的托马斯·辛普森(Thomas R. Simpson)培育,1987 年 9 月提交专利申请,1989 年 2 月取得美国植物专利(US PP06606)。

【综合研究】据辛普森描述,1979 年夏天他在苗圃里大约 3 000 株萨氏海棠中发现的一株未知品种的幼苗,这株幼苗叶子绿色带红,茂盛的树冠和缓慢的生长不同于以往常见的萨氏海棠。[薄荷糖]海棠树型低矮,枝条横向伸展或下垂,淡粉色花朵被"描"上深粉色的边,显得分外别致。适合种植在较小的空间或小路边。

【引种信息】2011 年国家植物园(北园)从美国引种。

[薄荷糖]海棠

## 38 多花海棠
### *Malus floribunda*

【中文别名】日本海棠

【英文俗名】Japanese flowering crabapple

【识别要点】树冠伞形；花蕾深粉色，开花淡粉色、单瓣；果实为黄色带红晕，直径约 1.0 cm，成熟时萼片脱落。

【品种溯源】多花海棠的起源未知。许多分类学家和植物学家认为它源于日本，大约在 1862 年被引入西方园艺。因为它的幼苗表现出相当大的变异性，而且从未在野外被发现过，一些权威人士质疑它的物种地位，认为它是未知父母本的杂交种。

【综合研究】多花海棠开花时间较晚，但每年都能开出较大量的花，在抗病性、树型和果实吸引力方面都是最好的海棠之一。根据美国学者阿尔弗雷德·雷德尔描述"这种小而黄色的圆形果实，有时会变成淡红色"；另一位学者唐纳德·怀曼称这种植物的果实是"黄色的，有时是褐色"。就目前观察，国家植物园（北园）栽培的多花海棠果实成熟时为黄色带红晕，过度成熟的果实挂在树上会变为褐色。

【引种信息】2000 年国家植物园（北园）从荷兰引种。

## 39 [白兰地]海棠
### *Malus* 'Branzam'

【异名】*Malus ioensis* 'Klehm No.8', *Malus ioensis* 'Plena' Klehm's No.8

【商业指称】BRANDYWINE

【识别要点】树冠宽卵形；花蕾深粉色，开花粉色、重瓣，有香味；果实绿色或黄绿色，直径约 2.5 cm，成熟时萼片宿存。果实易落。

【品种溯源】[白兰地]海棠 1979 年以前由美国的辛普森苗圃培育，由俄亥俄州湖县苗圃推向市场。该品种是[克勒姆]海棠(*Malus ioensis* 'Klehm's Improved Bechtel')的后代，它的另一个亲本可能是[雷蒙]海棠(*Malus* × *purpurea* 'Lemoinei')或[阿尔米]海棠(*Malus* × *adstringens* 'Almey')。

【综合研究】树皮和枝条都发白，新叶酒红色，花蕾初绽开时，形似玫瑰，观赏价值非常高，不足之处在于过早落叶和落果。[白兰地]海棠与[克勒姆]海棠相似，均出自北美原产的绿苹果组草原海棠(*Malus ioensis*)，其花、果、叶特征与我国原产苹果属植物明显不同。

【引种信息】2011 年国家植物园(北园)从美国引种。

## 40 [粉芽]海棠
*Malus* 'Pink Spires'

【中文别名】[粉红阁楼]海棠，[粉屋顶]海棠

【识别要点】树冠卵形；花蕾深粉色，开花粉色、单瓣，逐渐褪色至淡粉色，有香味；果实为红色，直径约 1.2 cm，成熟时部分果实萼片脱落。春季新叶红色，花期早，挂果时间很久。

【品种溯源】[粉芽]海棠亲本不详，由加拿大农业部的克尔（W. L. Kerr）选育。

【综合研究】[粉芽]海棠观果期长，抗寒、抗病。园林中适合作背景树。

【引种信息】1990 年国家植物园（北园）从美国引种，曾被推广到黑龙江哈尔滨、上海等地种植，2007 年取得北京市良种证。

[粉芽]海棠

# 41 [利塞特]海棠
*Malus* 'Liset'

【异名】*Malus* 'Success'

【中文别名】[丽丝]海棠, [李斯特]海棠

【识别要点】树冠卵形；花蕾深粉色，开花粉色、单瓣；果实为橙红色，直径约 1.2 cm，成熟时部分果实萼片脱落。春季叶带紫红色，秋季叶橙红色。

【品种溯源】1938 年由荷兰海牙公园部的西蒙·多伦博斯杂交育成，它的亲本是[雷蒙]海棠（*Malus* × *purpurea* 'Lemoinei'）和三叶海棠（*Malus toringo*），以多伦博斯孙女的名字利塞特（Liset）命名。

【综合研究】此品种抗性强，无论是春花、秋叶，还是冬果，观赏性都非常强。它比[雷蒙]海棠的分枝更纤细，在盛开的花朵中呈现出更明亮的玫红色效果。适合与白色花或粉色花品种搭配，尤其是与黄色果实的海棠种在一起，观赏效果更佳。

【引种信息】2001 年国家植物园（北园）从荷兰引种。

## 42 [马卡米克]海棠
### *Malus* 'Makamik'

【中文别名】[马卡]海棠,[马凯米克]海棠

【识别要点】树冠扁圆形;花蕾深粉色,开花粉色、单瓣,后期会褪为淡粉色,花香较浓;果实为红色,直径可达 2.5 cm,成熟时萼片宿存。

【品种溯源】[马卡米克]海棠是红肉苹果(*Malus niedzwetzkyana*)开放授粉的实生苗。1933 年由加拿大人伊莎贝拉·普雷斯顿(Isabella Preston)选育,以加拿大魁北克西部的马卡米克湖(Makamik Lake)命名。

【综合研究】该品种是普雷斯顿培育的湖泊系列(Lake Series)品种之一。由于果实较大、易落,不适合作行道树或在建筑附近栽植,但适合在开阔地作背景树和较大的公园种植;盛花时期非常醒目,且抗病性强。

【引种信息】2001 年国家植物园(北园)从荷兰引种。

[马卡米克]海棠

# ㊸ [内维尔]海棠
## *Malus* 'Neville Copeman'

【中文别名】[耐卫尔]海棠

【识别要点】树冠宽卵形;花蕾深粉色,开花粉色、单瓣,后期会褪为淡粉色;果实为黄色带粉色纹,直径约 3.0 cm,成熟时萼片宿存。春季枝条顶部叶为红色。

【品种溯源】[内维尔]海棠是[艾丽]海棠(*Malus* × *purpurea* 'Eleyi')的开放授粉的实生后代。1953 年以前,由英国诺福克郡(Norfolk)的内维尔·科普曼(Neville S. Copeman)培育并以其名字命名。

【综合研究】该品种果实比它的亲本[艾丽]海棠大,易感黑星病。

【引种信息】2003 年国家植物园(北园)从比利时引种。

[内维尔]海棠

# 44 [印第安魔力]海棠
## *Malus* 'Indian Magic'

【中文别名】[魔术]海棠,[印第安魔法]海棠

【识别要点】树冠扁圆形;花蕾深粉色,开花粉色、单瓣;果实为橙红色,直径约 1.0 cm,成熟时萼片脱落。秋季叶为橙色,挂果期很长。

【品种溯源】[印第安魔力]海棠大约 1955 年源于美国印第安纳州的辛普森果园公司苗圃,以育种人的一匹马的名字命名。亲本是[美果]祖米海棠(*Malus* × *zumi* 'Calocarpa')与[阿尔米]海棠(*Malus* × *adstringens* 'Almey'),1969 年推向市场。

【综合研究】育种人罗伯特·辛普森(Robert C. Simpson)评价[印第安魔力]海棠:"是一种中等大小、圆形的树,叶子像祖米海棠的一样,而且抗赤霉病。它秋天的颜色很好,玫瑰红的果实小、细长,起初呈亮红色,在深秋变为金橙色,晚秋落叶后果实仍然宿存,非常适合秋季观果"。果实也受鸟类喜爱。

【引种信息】2003 年国家植物园(北园)从比利时引种。

## 45 [印第安夏天]海棠
### *Malus* 'Indian Summer'

【中文别名】[印第安之夏]海棠

【识别要点】树冠宽卵形;花蕾深粉色,开花粉色、单瓣;果实为亮红色,直径不足 1.0 cm,成熟时萼片脱落。春季新叶褐红色。

【品种溯源】[印第安夏天]海棠由美国印第安纳州的辛普森果园公司苗圃培育,亲本是[美果]祖米海棠(*Malus* × *zumi* 'Calocarpa')与[阿尔米]海棠(*Malus* × *adstringens* 'Almey')。1985年推向市场。

【综合研究】[印第安夏天]海棠虽是[印第安魔力]海棠的姊妹品种,但花色较浅,开花量和结果量均不及后者丰富,挂果时间较短。果实受鸟类欢迎。

【引种信息】2011年国家植物园(北园)从美国引种。

## 46 [红丽]海棠
*Malus* 'Red Splendor'

【识别要点】树冠卵形;花蕾深粉色,开花粉色、单瓣;果实为红色,直径约 1.2 cm,成熟时萼片脱落。春季新叶红色,秋色叶紫红色,挂果时间很长。

【品种溯源】[红丽]海棠于 1948 年由美国明尼苏达州的梅尔文·伯格森(Melvin Bergeson)育成,是[红银]海棠(*Malus* 'Red Silver')开放授粉的实生苗;而[红银]海棠是红肉苹果(*Malus niedzwetzkyana*)的后代。

【综合研究】此品种抗性强、开花繁密,春季和秋季叶色变化观赏价值高,适合在北方园林中推广。

【引种信息】1990 年国家植物园(北园)从美国引种,曾被推广到黑龙江哈尔滨、上海等地种植,2007 年取得北京市林木良种证。

[红丽]海棠

## 47 [紫雨滴]海棠
*Malus transitoria* 'JFS-KW5'

【商业指称】Royal Raindrops

【中文别名】[皇家雨点]海棠

【识别要点】树冠宽卵形,叶片有时3裂;花蕾深粉色,开花粉色、单瓣;果实为紫红色,直径约1.0 cm,成熟时萼片脱落。

【品种溯源】[紫雨滴]海棠于2002年由美国人基思·华伦(Keith S. Warren)育成,从[金雨滴]海棠(*Malus transitoria* 'Schmidtcutleaf')开放授粉的实生苗中选育。2003年取得美国植物专利权(US PP14375)。

【综合研究】[金雨滴]海棠以美丽的叶子、繁盛的花朵和精巧的金黄色果实而闻名,但它在某些地区易受火疫病的侵害。育种人华伦想找到一种既能够保持[金雨滴]海棠优势,又能够抗火疫病,叶子还是紫色的品种。华伦播下了1 000粒开放授粉的种子,后来3株紫色叶子的幼苗脱颖而出,将它们扩繁,并经常接种赤霉病和火疫病进行人工干预,最终获得了满意的新品种,即[紫雨滴]海棠。该品种的叶子不像其亲本[金雨滴]海棠裂得那样深;整体外观与[草原之火]海棠(*Malus* 'Prairifire')很相似,但[紫雨滴]海棠的叶子在夏天有更深的紫色,而秋天又展现出迷人的橙色。

【引种信息】2011年国家植物园(北园)从美国引种。

## 48 [钻石]海棠
*Malus* × *adstringens* 'Sparkler'

【识别要点】树冠扁圆形;花蕾深粉色,开花粉色、半重瓣至重瓣;果实为红色,直径约 1.0 cm,成熟时部分果实萼片脱落。

【品种溯源】1945 年由美国明尼苏达大学(University of Minnesota)育成,是[霍巴]海棠(*Malus* × *adstringens* 'Hopa')开放授粉的实生后代之一。

【综合研究】此品种开花极为繁茂,花色艳丽。由于在湿润的环境中易得黑星病,在美国的苗圃单上已很少见,但却非常适合我国干燥的北方环境。不仅是北京表现最好的观赏海棠之一,而且在我国北方地区表现都很优秀。

【引种信息】1990 年国家植物园(北园)从美国引种,曾被推广到黑龙江哈尔滨、青海西宁、上海、新疆克拉玛依等地种植,2007 年取得北京市林木良种证。

# ㊾ [秀场]海棠
## *Malus* 'Shotizam'

【商业指称】SHOWTIME

【中文别名】[表演时间]海棠,[时光秀]海棠

【识别要点】树冠窄卵形;花蕾深粉色,开花粉色、单瓣,有香味;果实为红色,直径约 1.2 cm,成熟时部分果实萼片脱落。春季新叶红色,秋季叶橙色。

【品种溯源】[秀场]海棠由美国人詹姆斯·赞皮尼选育,亲本不详,2009 年出现在俄亥俄州湖县苗圃的商品海报上。

【综合研究】该品种树型挺拔,花果艳丽、叶色迷人,抗病性强,鸟类也会被吸引。在市场销售中,可作为[草原之火]海棠(*Malus* 'Prairifire')的替代品种。

【引种信息】2011 年国家植物园(北园)从美国引种。

## ㊿ [春喜]海棠
### *Malus* 'Hub Tures'

【商业指称】Spring Sensation

【中文别名】[春意盎然]海棠,[春之韵]海棠

【识别要点】树冠宽卵形;花蕾深粉色,开花粉色、逐渐褪为白色,单瓣;果实为鲜红色,直径不足 1.0 cm,成熟时萼片脱落。花瓣不易脱落,秋季叶色橙黄。

【品种溯源】[春喜]海棠从萨氏海棠(*Malus sargentii*)开放授粉的后代中选育,源自胡博·特尔斯父子苗圃(Hub Tures & Sons Nursery),育种时间不详。

【综合研究】[春喜]海棠树冠紧凑,有低矮生长的习性;花量大,但花期过后不易脱落的花瓣会变褐色,对观赏效果有所影响;它的果实产量极低,但也可以吸引鸟类;秋季可观叶。

【引种信息】2011年国家植物园(北园)从美国引种。

# 51 '胭影'海棠
*Malus* 'Yan Ying'

【识别要点】树冠宽卵形；花蕾深红色，开花粉色逐渐褪为淡粉色，多为半重瓣，有时单瓣或重瓣；果实为深红色，直径不足 1.0 cm，成熟时萼片脱落。春季新叶为红色。

【品种溯源】'胭影'海棠以国家植物园（北园）高级工程师曹颖为主要育种人，通过[草原之火]海棠（*Malus* 'Prairifire'）与[钻石]海棠（*Malus* × *adstringens* 'Sparkler'）杂交，经过多年选育而成。2018 年 6 月通过国际海棠栽培品种登录（登录号：ICRA/M20180002X）。

【综合研究】该品种树形婀娜，花朵深粉（玫红色），开花时稍有低垂，似涂着胭脂的娇羞少女藏在绿叶间，影影绰绰，因而得名。同时"影"字又恰巧与主要育种人名字中的"颖"同音，体现了育种人为之付出的辛勤工作。

【引种信息】国家植物园（北园）自主选育的观赏海棠品种之一。

## 52 [主教]海棠
*Malus hupehensis* 'Cardinal'

【中文别名】[红衣主教]海棠

【识别要点】树冠宽卵形；花蕾深红色，开花粉色、单瓣，有香味；果实为红色，直径约 1.5 cm，成熟时萼片脱落。

【品种溯源】[主教]海棠是[草莓果冻]海棠（*Malus hupehensis* 'Strawberry Parfait'）与[红云]海棠（*Malus* 'Crimson Cloud'）的杂交后代，由美国人威廉·弗莱默培育，之后转让给新泽西州新植物协会。1988 年 12 月提交专利申请，1990 年 2 月取得美国植物专利权（US PP07147）。

【综合研究】[主教]海棠树高与[草莓果冻]海棠相近，但分枝更密集，分叉角度较宽，花朵较大；而与[红云]海棠相比，[主教]海棠植株较矮，分枝少，树冠更圆，花朵较小。据记载，另外还有两个海棠品种名叫"Cardianal"。第一个是阿诺德海棠（*Malus × arnoldiana*）的实生后代，纽约州的理查德·惠灵顿（Richard Wellington）选育，1961 年 3 月取得美国植物专利权（US PP02035）；该品种应写作 *Malus × arnoldiana* 'Cardinal'，与本品种[主教]海棠（*Malus hupehensis* 'Cardinal'）有区别。第二个是俄亥俄州湖县苗圃发现的海棠品种，临时命名为"Cardinal"，后来得知该名称已被使用，就改名为[火狐]海棠（*Malus* 'Foxfire'）。

【引种信息】2011 年国家植物园（北园）从美国引种。

## 53 [草原之火]海棠
***Malus* 'Prairifire'**

【中文别名】[高原红]海棠,[高原之火]海棠

【识别要点】树冠扁圆形;花蕾红色,开花深粉色、单瓣;果实为深红色,直径约1.2 cm,成熟时萼片宿存。春季新叶和秋色叶均带红色,挂果时间很长。

【品种溯源】[草原之火]海棠于1982年由美国伊利诺伊大学园艺系的丹尼尔·代顿(Daniel F. Dayton)博士育成并命名。[美果]祖米海棠(*Malus* × *zumi* 'Calocarpa')、红肉苹果(*Malus niedzwetzkyana*)、深红海棠(*Malus* × *atrosanguinea*)、[利塞特]海棠(*Malus* 'Liset')参与了该品种复杂的杂交选育过程。

【综合研究】[草原之火]海棠树皮光滑、小枝呈深红色,比大多数海棠开花晚,果实宿存,它的叶、花、果颜色均佳,抗病性强,适合在我国北方大力推广应用。

【引种信息】2003年国家植物园(北园)从美国引种。

## 54 [亚当斯]海棠
*Malus* 'Adams'

【中文别名】[亚当]海棠

【识别要点】树冠扁圆形；花蕾深粉色，开花深粉色逐渐褪为淡粉、单瓣；果实为深红色，直径约 1.5 cm，成熟时部分果实萼片脱落。春季新叶绿色略带红色，夏季变绿色，秋季叶橙红。

【品种溯源】[亚当斯]海棠亲本不详，1947 年左右起源于美国马萨诸塞州斯亚当斯苗圃，以该苗圃的主管人沃尔特·亚当斯（Walter Adams）的名字命名。

【综合研究】[亚当斯]海棠花朵艳丽，果实丰满，抗病性强，可作行道树。有关资料显示，苹果属中有多个与"Adams"相似的品种名，但指向不同品种，应注意辨别。其一，是 1853 年在美国宾夕法尼亚州发现的苹果品种[亚当斯]（*Malus* × *domestica* 'Adams'）；其二，是 1916 年出现在一个苗圃名录中的苹果品种[亚当]（*Malus* × *domestica* 'Adam'）；其三，是 1930 年加拿大曼尼托巴的布根苗圃（Boughen Nurseries）推出的海棠品种[亚当]（*Malus* 'Adam'），品种名仅与[亚当斯]海棠相差一个"s"。

【引种信息】2008 年国家植物园（北园）从河北石家庄引种。

[亚当斯]海棠 | 109

## 55 [皇家美人]海棠
### *Malus* 'Royal Beauty'

【中文别名】[紫美人]海棠

【识别要点】树冠伞形;花蕾深红色,开花深粉色、单瓣;果实为红色,直径约 1.0 cm,成熟时萼片脱落。春季叶色砖红,秋季叶色酒红。

【品种溯源】[皇家美人]海棠亲本不详,1980 年源自美国。

【综合研究】[皇家美人]海棠是一种耐寒的垂枝型海棠。该品种春季、秋季的叶色观赏价值都较高,果实会吸引鸟类。曾获得英国皇家园艺学会花园功绩奖。

【引种信息】2005 年国家植物园(北园)从荷兰引种。

[皇家美人]海棠

## 56 [丰花]海棠
*Malus* × *moerlandsii* 'Profusion'

【中文别名】[丰盛]海棠

【识别要点】树冠宽卵形;花蕾深红色,开花深粉色、单瓣;果实为深红色,直径约 1.5 cm,成熟时部分果实萼片脱落。春季新叶红色,秋叶黄绿色,果实可宿存至翌年。

【品种溯源】[丰花]海棠于 1938 年由荷兰海牙公园部的西蒙·多伦博斯育成,亲本为[雷蒙]海棠(*Malus* × *purpurea* 'Lemoinei')和三叶海棠(*Malus toringo*)。品种名"Profusion"指该品种大量开花。

【综合研究】该品种抗性强,花茂、果繁。[丰花]海棠与[利塞特]海棠(*Malus* 'Liset')相似,后者是[雷蒙]海棠参与形成的另一个品种,只是[丰花]海棠的花朵颜色没有[利塞特]海棠那么鲜艳。

【引种信息】2003 年国家植物园(北园)从比利时引种。

## 57 [红巴伦]海棠
***Malus* 'Red Barron'**

【异　名】*Malus* 'Simpson 328-AA', *Malus* 'Arnold Arboretum No.328-55-A'

【识别要点】树冠倒卵形；花蕾深红色，开花深粉色、单瓣；果实为亮红色，直径约 1.3 cm，果实有棱，成熟时萼片脱落。

【品种溯源】[红巴伦]海棠的培育时间和亲本不详。美国阿诺德树木园培育，1984 年由印第安纳州的辛普森果园公司苗圃推向市场。

【综合研究】[红巴伦]海棠植株中等大小，树型紧凑、狭窄，接近于柱形。适合在街道或花园小径种植。另外，有一个苹果品种[红男爵]（*Malus* 'Red Baron'），两者仅有一个"r"之差，应注意不要混淆。

【引种信息】2008 年国家植物园（北园）从河北石家庄引种。

[红巴伦]海棠

## 58 [霍巴]海棠
*Malus* × *adstringens* 'Hopa'

【异名】*Malus* 'Hoppa', *Malus* 'Hoppi', *Malus* 'Hansen's Red Leaf Carbapple', *Malus* 'Pink Sunburst', *Malus* 'Sunburst'

【中文别名】[粉手帕]海棠,[豪帕]海棠

【识别要点】树冠卵形;花蕾深红色,开花深粉色逐渐褪色为粉色、单瓣;果实为橙色,直径约2.0 cm,成熟时部分果实萼片脱落。

【品种溯源】[霍巴]海棠是红肉苹果(*Malus niedzwetzkyana*)与山荆子(*Malus baccata*)杂交而成;1920年由美国人尼尔斯·汉森育成并命名,"Hopa"在美洲土著印第安语中的意思是"美丽"。

【综合研究】[霍巴]海棠是汉森最有影响力的品种之一,也是最耐寒的品种之一。它从山荆子继承了高大、耐寒的优势,从红肉苹果继承了略带紫红色的叶子、花、果实,它的果肉也是红色。[霍巴]海棠是第一个由杂交得到的玫红系列(Rosybloom)海棠品种,在过去众多白色和淡粉色系观赏海棠中显得尤为突出,因此备受关注;曾被广泛用于杂交和开放授粉育种,但因为它对许多苹果病害的易感性,逐渐被新的玫红系抗病品种取代。

【引种信息】1990年国家植物园(北园)从美国引种,并将其推广到上海和新疆克拉玛依种植。

[霍巴]海棠

## 59 [凯尔西]海棠
*Malus × adstringens* 'Kelsey'

【中文别名】[凯尔斯]海棠

【识别要点】树冠扁圆形;花蕾深红色,开花深粉色、半重瓣至重瓣;果实为橙色或红色,直径约 2.0 cm,成熟时萼片宿存。春季新叶带红色。

【品种溯源】[凯尔西]海棠源于 1966 年以前,由加拿大人卡明(W. A. Cumming)通过[阿尔米]海棠(*Malus × adstringens* 'Almey')与酸苹果 5212 号(*Malus × adstringens* #5212)杂交选育而得,以探险家亨利·凯尔西(Henry P. Kelsey)命名。1970 年通过当时的国际海棠栽培品种登录权威——阿诺德树木园登录。

【综合研究】[凯尔西]海棠是观赏海棠中不多见的重瓣玫红品种,开花繁密、耐寒性强,只是株形不整齐。另据记载,还有一个名为[凯尔西]海棠(*Malus floribunda* 'Kelsey')的品种,由多花海棠(*Malus floribunda*)开放授粉的实生苗产生,开白色至粉色单瓣花,结黄色或橙色的果实;由美国的凯尔西高地苗圃(Kelsey-highlands Nursery)于 1934 年推出,最初被命名为[雪堆]海棠(*Malus* 'Snowbank'),但在 1940 年被重新命名,使用了探险家凯尔西的名字。虽然 1940 年命名的品种出现较早,但根据《国际栽培植物命名法规 第九版》第 29.3 条,"Kelsey" 应作为 1970 年登录的加拿大栽培品种的接受名。在阅读早期文献资料时,应注意辨别。

【引种信息】1990 年国家植物园(北园)从美国引种,曾推广到黑龙江哈尔滨、上海和新疆克拉玛依等地种植,2007 年取得北京市林木良种证。

[凯尔西]海棠

## 60 [雷蒙]海棠
*Malus* × *purpurea* 'Lemoinei'

【中文别名】柠檬苹果

【识别要点】树冠扁圆形;花蕾深红色,开花深粉色、单瓣;果实为红色,直径约 1.8 cm,成熟时部分萼片脱落。春季新叶紫红色,叶片偶有 3 裂。

【品种溯源】[雷蒙]海棠 1922 年源于法国南锡著名的维克多雷蒙(Victor Lemoine et Fils)苗圃,由埃米尔·雷蒙(Emil Lemoine)命名,1925 年由阿诺德树木园引入美国。紫海棠(*Malus* × *purpurea*)代表红肉苹果(*Malus niedzwetzkyana*)与深红海棠(*Malus* × *atrosanguinea*)的杂交组合。

【综合研究】[雷蒙]海棠抗病性强,花色艳丽,适宜在我国北方园林中推广。不少优秀的现代海棠品种是由[雷蒙]海棠参与选育的,如[主教袍]海棠(*Malus* 'Cardinal's Robe')、[利塞特]海棠(*Malus* 'Liset')、[橘色冲击]海棠(*Malus* 'Orange Crush')、[丰花]海棠(*Malus* × *moerlandsii* 'Profision')等。

【引种信息】2001 年国家植物园(北园)从荷兰引种。

[雷蒙]海棠

## (61) [完美紫叶]海棠
*Malus* 'Coppurple'

【商业指称】PERFECT PURPLE
【中文别名】[完美紫色]海棠
【识别要点】树冠卵形；花蕾深红色，开花深粉色、单瓣；果实为深红色，直径约 1.5 cm，成熟时部分果实萼片脱落，果实宿存。春季和秋季叶色均为紫红色，夏季为绿色带红色。
【品种溯源】[完美紫叶]海棠于 2012 年由美国的科普(Ernie Copp)育成。
【综合研究】该品种在北美市场上作为[王族]海棠(*Malus* 'Royalty')的改良接替品种，具有更好的形态、更好的抗病性和良好的耐寒性。
【引种信息】2011 年国家植物园(北园)从美国引种。

## 62 [绚丽]海棠
*Malus* 'Radiant'

【中文别名】[喜洋洋]海棠,[光辉]海棠,[洋溢]海棠

【识别要点】树冠宽卵形;花蕾深红色,开花深粉色、单瓣;果实为橙色,直径约 1.2 cm,成熟时萼片宿存。春季新叶为红色。

【品种溯源】据推测可能是[霍巴]海棠(*Malus × adstringens* 'Hopa')开放授粉产生的实生苗。1940 年由美国明尼苏达大学的朗利(L. E. Longley)培育,1957 年被命名,1963 年通过国际海棠栽培品种登录。

【综合研究】该品种花色繁茂艳丽,果实着色早,在 9 月初即可达到最佳颜色,且一直保持着鲜艳的颜色到初冬,耐寒。[绚丽]海棠还可作为栽培苹果的授粉树。

【引种信息】1990 年国家植物园(北园)从美国引种,并将其推广到黑龙江哈尔滨、上海和新疆克拉玛依等地种植,2007 年取得北京市林木良种证。值得一提的是,2000 年左右推广到北京玉渊潭公园种植的[绚丽]海棠,经过 20 多年生长,已经形成优美的园林景观,每年盛花时节,吸引众多游客驻足拍照。

## 63 [鲁道夫]海棠
*Malus* 'Rudolph'

【识别要点】树冠宽卵形；花蕾深红色，开花深粉色、单瓣；果实为橙色，直径约 1.2 cm，成熟时部分果实萼片脱落，果实宿存。春季新叶红色。

【品种溯源】据推测，[鲁道夫]海棠可能是山荆子(*Malus baccata*)和一种玫红系列海棠的杂交后代。1954 年由加拿大人弗兰克·斯金纳(Frank L. Skinner)育成。

【综合研究】[鲁道夫]海棠是一个花朵较大的观赏海棠品种，适合做行道树。宿存的果实会长时间挂在树上，变黑、干瘪。该品种的学名有时会写作 *Malus* 'Rudolf'。

【引种信息】2000 年国家植物园(北园)从荷兰引种。

## 64 [罗宾逊]海棠
### *Malus* 'Robinson'

【中文别名】[鲁滨逊]海棠

【识别要点】树冠扁圆形;花蕾深红色,开花深粉色、单瓣;果实为红色,直径约 1.6 cm,成熟时萼片脱落,果实宿存。春季新叶红色,秋季叶橙红。

【品种溯源】[罗宾逊]海棠由美国印第安纳州霍布斯苗圃(C. M. Hobbs Nursery)选育,原始的母树来自詹姆斯·罗宾逊(James Robinson)的私有土地,[罗宾逊]海棠以他的名字命名。

【综合研究】[罗宾逊]海棠秋天很晚才落叶,抗病出色,抗寒可达 -31.67℃(-25°F)。秋季红色的果实缀满枝头,会把枝条压弯呈拱形,宿存的果实可为鸟类提供越冬食物。

【引种信息】2003 年国家植物园(北园)美国引种。

## ⑥⑤ [玫瑰柱]海棠
*Malus* 'Velvetcole'

【商业指称】Velvet Pillar

【中文别名】[蓝箭]海棠，[天鹅绒柱]海棠

【识别要点】树冠卵形；花蕾深红色，开花深粉色、单瓣；果实为橙色，直径约 1.3 cm，成熟时部分果实萼片脱落。春季新叶红色，秋叶橙色。

【品种溯源】[玫瑰柱]海棠起源于大量播种的海棠幼苗，亲本不详，笔者的分子标记结果显示它与[雷蒙]海棠（*Malus* × *purpurea* 'Lemoinei'）亲缘关系很近。由美国俄亥俄州的威廉·柯林斯选育，转让给科尔苗圃公司。1980 年 5 月提交专利申请，1981 年 8 月取得美国植物专利权（US PP04758）。

【综合研究】[玫瑰柱]海棠株型紧凑，春季迷人的紫红色叶子到夏季变为铜绿色，秋季变为鲜艳的橙色；深粉色的花朵和橙色的果实虽然稀疏，但也赏心悦目。园林中可以用作孤植观赏树，也适合作为树篱和幕墙植物。

【引种信息】2011 年国家植物园（北园）从美国引种。

[玫瑰柱]海棠

## 66 [橘色冲击]海棠
### *Malus* 'Orange Crush'

【中文别名】[ 橙汁刨冰 ]海棠

【识别要点】树冠宽卵形；花蕾深红色，开花深粉色、单瓣，很香；果实为红色，直径约 1.2 cm，成熟时萼片脱落，果实宿存。春季叶色紫红，秋季叶色橙黄。

【品种溯源】[ 橘色冲击 ]海棠是[ 利塞特 ]海棠（*Malus* 'Liset'）和[ 红天鹅 ]海棠（*Malus* 'Red Swan'）的杂交后代，1983 年由美国俄亥俄州的约翰·菲亚拉育成，1990 年由伊利诺伊州的克勒姆苗圃（Klehm Nursery）推向市场。

【综合研究】[ 橘色冲击 ]海棠开花壮观，细长的小枝会在小果实的重压下稍稍下垂，宿存的红色小果实在秋冬增添了趣味性，还可以吸引鸟类；它的抗病性好，在理想条件下预期寿命可达 50 年或更长。

【引种信息】2008 年国家植物园（北园）从美国引种。

## 67 [王族]海棠
*Malus* 'Royalty'

【识别要点】树冠宽卵形;花蕾深红色,开花深红色、单瓣或半重瓣;果实为深紫红色,直径约 1.5 cm,成熟时部分果实萼片脱落,果实宿存。春季新叶红色,成熟后为带绿晕的紫红色,秋季叶色橙红。

【品种溯源】[王族]海棠于 1958 年由加拿大人克尔(W. L. Kerr)育成,只知道是玫红系列海棠开放授粉产生的,具体父母本不详。笔者的分子标记数据显示它与[钻石]海棠(*Malus* × *adstringens* 'Sparkler')的亲缘关系很近。

【综合研究】该品种因其出众的叶色备受欢迎,但果实宿存时间过长,会在树上干枯、变黑,影响观赏。

【引种信息】1990 年国家植物园(北园)从美国引种,曾推广到黑龙江哈尔滨、青海西宁和上海等地种植,2007 年取得北京市林木良种证。

## 68 '国植新艳'海棠
### *Malus* 'Guo Zhi Xin Yan'

【识别要点】树冠宽卵形;花蕾粉色,开花主色淡粉,副色为不规则深粉色条纹、斑块,重瓣;果实为橙色,直径约 2.0 cm,成熟时萼片宿存。

【品种溯源】'国植新艳'海棠是[凯尔西]海棠(*Malus* × *adstringens* 'Kelsey')枝条芽变异,2017 年由国家植物园(北园)高级工程师曹颖等发现,2021 年育成。2022 年 4 月,通过国际海棠栽培品种登录(登录号:ICRA/M20220001A)。

【综合研究】海棠花素有"国艳"之誉,新品种'国植新艳'海棠的花色、瓣型及果色都表现新奇,因此而得名,寓意"国内培育的新国艳"。'国植新艳'适宜在中国华北、西北、东北等地区种植,喜光,耐寒,适应性强。土壤以湿润、透气的沙质壤土为最佳。育苗采用嵌芽接方法嫁接繁殖,北京地区选用一年生山荆子(*Malus baccata*)或八棱海棠(*Malus* × *robusta*)为砧木,于每年 8 月中下旬进行,成活率高。

【引种信息】国家植物园(北园)自主培育的观赏海棠品种之一,目前苗龄尚小,未在游览区展示。

## 69 [塞尔扣克]海棠
*Malus* 'Selkirk'

【异名】*Malus* 'Morden 457'

【中文别名】[塞山]海棠,[赛尔科]海棠

【识别要点】树冠扁圆形;花蕾深红色,开花深粉色与浅粉色相间,呈条纹状、单瓣,有香味;直径约 1.9 cm,成熟时部分果实萼片脱落。春季多数叶片为红色。

【品种溯源】[塞尔扣克]海棠亲本为山荆子(*Malus baccata*)和红肉苹果(*Malus niedzwetzkyana*)。1962 年由加拿大农业部实验农场(Experimental Farm, Canada Department of Agriculture, Morden Manitoba, Canada)培育。1963 年通过国际海棠栽培品种登录。"Selkirk"是加拿大的一条山脉名称。

【综合研究】[塞尔扣克]海棠耐寒、充满活力,在偏北的地区是[霍巴]海棠(*Malus* × *adstringens* 'Hopa')的良好替代品。该品种与[春荣]海棠(*Malus* 'Spring Glory')相似,区别在于,后者树体稍显矮小,树冠为卵形,枝条开张角度小,且果实形状较扁。

【引种信息】2003 年国家植物园(北园)从美国引种。

[塞尔扣克]海棠

## 70 [春荣]海棠
*Malus* 'Spring Glory'

【中文别名】[春之颂]海棠

【识别要点】树冠卵形;花蕾深粉色,开花深粉色与浅粉色相间,呈条纹状、单瓣;果实为橙红色,直径约 2.5 cm,成熟时部分果实萼片脱落。春季多数叶片为红色。

【品种溯源】[春荣]海棠培育年代和亲本不详。由加拿大农业部实验农场培育,当时使用的编号为 MR454。

【综合研究】关于[春荣]海棠的资料非常少。与相似的[塞尔扣克]海棠(*Malus* 'Selkirk')区别在于,后者树体较高大,树冠为扁圆形,枝条开张角度大;从果实形状来看,[春荣]海棠的果实更扁。

【引种信息】2011 年国家植物园(北园)从美国引种。

# 参考文献

曹颖, 郝强, 刘浡洋, 等, 2024. 观赏海棠新品种'国植新艳'的选育 [J]. 北方园艺, 2024(19): 159-160, 2.

曹颖, 皮晓飞, 郭翎, 等, 2023. 观赏海棠新品种'胭影'的选育 [J]. 北方园艺, 2023(14): 159-160, 2.

崔友文, 1953. 华北经济植物志要 [M]. 北京: 科学出版社.

郭翎, 2009. 观赏苹果引种与苹果属 (Malus Miall.) 植物 DNA 指纹分析 [D]. 泰安: 山东农业大学.

辽宁省果树科学研究所, 1957. 东北苹果品种解说 (1957 年 11 月第一版, 1966 年 4 月第四次印刷) [M]. 北京: 科学出版社.

Balley Nurseries, 2000-2001. Balley Wholesale Catalog.

BOER A D, 1959. Flowering Crabapples [M]. Washington, D.C.: The American Association of Nurserymen.

BOER J D, 1992. Kelsey Puzzle Solved: Kelsey Crabapple [J]. *Malus*: International Ornamental Crabapple Society Bulletin, 6(1):11.

BUSSEY D J (edited by WHEALY K), 2016. The Illustrated History of Apples in the United States and Canada 1[M]. Mount Horeb, WI: JAK KAW Press, LLC.

CHATFIELD J A, DRAPER E A & COCHRAN K C, 2000. Crabapple Considerations-Aesthetics are Everything [J]. *Malus*: International Ornamental Crabapple Society Bulletin, 14(2):12-22.

COLLINS W H, 1980-5-5[1981-8-18]. Flowering Crabapple Tree, U.S. Patent PP04758[P].

COLLINS W H,1971-2-8[1972-12-12]. Flowering Crab Apple Tree, U.S. Patent PP03267[P].

Editor of *Malus*, 1992. The Three Cardinals[J]. *Malus*: International Ornamental Crabapple Society Bulletin, 6(2):30.

FIALA J L, 1994. Flowering Crabapples: The Genus Malus [M]. Portland, Oregon: Timber Press.

FLEMER III W, 1988-12-30[1990-2-13].Malus hupehensis Named 'Cardinal', U.S. Patent PP07147[P].

FLEMER III W,1979-1-25[1981-1-27] .Flowering Crab Apple Tree, U.S. Patent PP04632[P].

GREEN T L, 1992. *Malus* Obscurus: *Malus* floribunda [J]. *Malus*: International Ornamental Crabapple Society Bulletin, 6(2):26-30.

GREEN T, 1990. Crabs You Should Know: *Malus* 'Professor Sprenger' [J]. *Malus*: International Ornamental Crabapple Society Bulletin, 4(2):4-6.

GUTHERY D E, 1996. The Fiala Ornamental Crabapples [J]. *Malus*: International Ornamental Crabapple Society Bulletin, 10(1):28-34.

HASSELKUS E R, 1992. Crabs You Should Know: Malus 'Donald Wyman' [J]. *Malus*: International Ornamental Crabapple Society Bulletin, 6(1):12.

HEBB R S, 1970. Notes from the Arnold Arboretum Plant Registration [J]. Arnoldia, 30(6):251-260.

HILL P, 1988. *Malus* cv. Louisa [J]. *Malus*: International Ornamental Crabapple Society Bulletin, 3(1):17.

ILES J, 2009. Crabapples…With No Apolpgies [J]. Arnoldia, 67(2):2-13.

JEFFERSON R M, 1970. History, Progeny, and Locations of Crabapples of Documented Authentic Origin. National Arboretum Contribution No.2[M]. Washington, D. C.: Agricultural Research Service, U.S. Department of Agriculture.

JONG P C D, 1996. *Malus*: Sierapples, Keuringsrapport "Technische Keuringscommissie Houtige Siergewassen" van de NAKB [J]. Dendroflora (33):80-110.

LOMBARTS P, 1984. *Malus*: Sierapples, Keuringsrapport "Technische Keuringscommissie Houtige Siergewassen" van de NAKB [J]. Dendroflora (21): 39-62.

NICHOLS L P, 1987. Flowering Crabapples Named For People [J]. *Malus*: International Ornamental Crabapple Society Bulletin, 2(3):12-16.

NICHOLS L P, 1987. Miscellaneous Names of Flowering Crabapples [J]. *Malus*: International Ornamental Crabapple Society Bulletin, 2(3):20.

NORTON R A & KING J, 1990. Ornamental Crabapple Trials [J]. *Malus*: International Ornamental Crabapple Society Bulletin, 4(2):10-13.

PORTER A J, 1965-9-14[1966-9-6]. Crab Apple Tree, U. S. Patent PP02667[P].

REED G M, 1953-1-5[1956-7-17].Weeping Crabapple Tree, U.S. Patent PP01497[P].

REHDER A, 1920. New Species, Varieties and Combinations from the Herbarium and the Collections of the Arnold Arboretum [J]. Journal of the Arnold Arboretum, 2:42-62.

ROSS H A, 1973-8-8[1974-11-5]. Flowering Crab Apple Tree, U.S. Patent PP03644[P].

SABUCO J, 1989. Crabs You Should Know: Malus 'Indian Magic' [J]. *Malus*: International Ornamental

Crabapple Society Bulletin, 4(1):10-12.

SIMPSON R C (Edited by David Gutbery), 1998. Robert C. Simpson Revisited: An Interviewwith a Plantsman [J]. *Malus*: International Ornamental Crabapple Society Bulletin, 12(1):3-10.

SIMPSON T R, 1987-9-18[1989-2-14]. Candymint Sargent Crabapple Tree, U.S. Patent PP06606[P].

WARREN K, 1994. Golden Raindrops Crabapple [J]. *Malus*: International Ornamental Crabapple Society Bulletin 8(2):14.

WARREN K, 2002. Royal Raindrops Crabapple [J]. *Malus*: International Ornamental Crabapple Society Bulletin, 16(1):17-18.

WELLINGTON R, 1960-6-8[1961-3-21]. Crab Apple Tree, U.S. Patent PP02035[P].

WILSON E H, 1929. Bulletin of Popular Information (Arnold Arboretum, Harvard University) [J]. Series 3, 3(4):16.

WOOD K W, 1974. Crabapple Collection[M]. University of Wisconsin-Madison Arboretum.

WYMAN D, 1941. Sources for Rare Woody Plants [J]. Arnoldia, 1(2-3):13.

WYMAN D, 1943. Crab apples for America [M]. The American Association of Botanical Gardens and Arboretums.

WYMAN D, 1959. Crab Apples of Merit [J]. Arnoldia, 19(4):15-22.

WYMAN D, 1963. International Plant Registration [J]. Arnoldia, 23(5):85-92.

WYMAN D, 1963. New Plants Registered [J]. Arnoldia, 23(9):111-118.

WYMAN D, 1966. Plants Recently Registered by the Arnold Arboretum[J]. Arnoldia, 26(3):14-16.

WYMAN D, 1969. Plant Registrations [J]. Arnoldia, 29(1):1-8.

YANNY M D, 1999-3-23[2002-5-14]. *Malus sargentii* Plant Named 'Select A', U.S. Patent PP12621 P2[P].

ZAMPINI J W, 1988-10-18[1989-12-5]. Flowering Crab Apple Tree Named Sutyzam, U.S. Patent PP07062[P].

ZAMPINI J W, 1990-12-20[1992-12-8]. Dwarf Flowering Crab Apple Tree Named Lanzam, U.S. Patent PP08056[P].

# 中文名称索引

（含中文名、中文别名）

## A

[阿达克]海棠　　014
[阿迪朗达克]海棠　014
[阿尔米]海棠　　078,
　　088,090,118
阿诺德海棠　　062,104
[艾丽]海棠　　086
[艾伟]海棠　　032

## B

八棱海棠　　004,008,
　　050,056,136
[白兰地]海棠　058,078
[白瀑布]海棠　　040
[百里香甜]海棠　012
[柏克德]海棠　　058
柏克德海棠　　058
[棒糖]海棠　　016,038
[薄荷糖]海棠　　074
[宝石]海棠　　018
[表演时间]海棠　098

## C

[草莓果冻]海棠　072,
　　104
草原海棠　　058,078
[草原之火]海棠　048,
　　094,098,102,106
[橙汁刨冰]海棠　132
垂丝海棠　　014,030,
　　064,072
[垂枝]楸子　　020
[春荣]海棠　　138,140
[春喜]海棠　　100
[春雪]海棠　　002
[春意盎然]海棠　100
[春之颂]海棠　　140
[春之雪]海棠　　002
[春之韵]海棠　　100

## D

[大卫]海棠　　030
[当娜]海棠　　052

| | | | |
|---|---|---|---|
| [道格]海棠 | 002, 004 | 多花海棠 | 062, 074, 118 |
| [蒂尔阁下]海棠 | 020 | [多罗西娅]海棠 | 044 |
| 多花海棠 | 020 | | |

## F

| | | | |
|---|---|---|---|
| [范艾斯亭]海棠 | 062 | [粉屋顶]海棠 | 080 |
| [粉公主]海棠 | 066 | [粉芽]海棠 | 080 |
| [粉红阁楼]海棠 | 080 | [丰花]海棠 | 112, 120 |
| [粉红公主]海棠 | 066 | [丰盛]海棠 | 112 |
| [粉手帕]海棠 | 116 | | |

## G

| | | | |
|---|---|---|---|
| [高峰]海棠 | 032 | [光辉]海棠 | 124 |
| [高原红]海棠 | 106 | '国植新艳'海棠 | 136 |
| [高原之火]海棠 | 106 | | |

## H

| | | | |
|---|---|---|---|
| 海棠花 | 060, 062 | [红云]海棠 | 104 |
| [豪帕]海棠 | 116 | [红珠宝]海棠 | 010 |
| [红巴伦]海棠 | 114 | 湖北海棠 | 072 |
| [红宝石]海棠 | 010 | 花叶海棠 | 006 |
| [红丽]海棠 | 092 | [皇家美人]海棠 | 110 |
| [红裂]海棠 | 068 | [皇家雨点]海棠 | 094 |
| 红肉苹果 | 084, 092, | [灰姑娘]海棠 | 038 |
| | 106, 116, 120, 138, | [火狐]海棠 | 104 |
| [红哨兵]海棠 | 050 | [火鸟]海棠 | 046 |
| [红天鹅]海棠 | 132 | [火焰]海棠 | 034 |
| [红衣主教]海棠 | 104 | [霍巴]海棠 | 096, 116, |
| [红银]海棠 | 092 | | 124, 138 |
| [红玉]海棠 | 020, 070 | | |

## J

| | | | |
|---|---|---|---|
| [金丰收]海棠 | 036 | [金蜂]海棠 | 022 |

[金黄蜂]海棠 022　　[金雨点]海棠　　006
[金色收获]海棠 036　　[橘色冲击]海棠　120,
[金雨滴]海棠 006,094　　　　　　　　　　132

## K

[凯尔斯]海棠 118　　[科里]海棠　　058
[凯尔西]海棠 118,136　[克莱姆]海棠　058
[科里]草原海棠 058　　[克勒姆]海棠　058,078

## L

[兰斯洛特]海棠 054　　铃铛果　　　　004
[蓝箭]海棠 130　　[鲁滨逊]海棠　128
[雷蒙]海棠 078,082,　[鲁道夫]海棠　126
　　　112,120,130　[路易萨]海棠　070
[李斯特]海棠 082　　[路易莎]海棠　070
里弗斯海棠 060　　[露易莎]海棠　070
[丽丝]海棠 082　　[罗宾逊]海棠　128
[利塞特]海棠 082,
　　　106,112,120,132

## M

[马卡]海棠 084　　[美果]祖米海棠 012,
[马卡米克]海棠 084　　022,024,030,048,
[马凯米克]海棠 084　　052,088,090,106
毛山荆子 022,048　[魔术]海棠　　088
[玫瑰柱]海棠 130　　[茉莉安]海棠　044
[美果]朱眉海棠 048　[莫莉安]海棠　044
[美果]珠美海棠 048

## N

[耐卫尔]海棠 086　　柠檬苹果　　　120
[内维尔]海棠 086

## P

苹果　　　　　　　　054

## Q

[秋荣]海棠　　　　026　　楸子　　　020，050，056

## R

日本海棠　　　　　　074

## S

撒式海棠　　　　　　024　　[莎拉]海棠　　　　026
萨金特海棠　　　　　024　　山荆子　050，056，062，
[萨拉]海棠　　　　 026　　　　　116，126，136，138
萨氏海棠　　024，046，　　山西小红果　　　　　004
　　　　　066，074，100　　[珊瑚礁]海棠　　　　068
萨式海棠　　　　　　024　　[哨兵]海棠　　　　　050
[塞尔扣克]海棠　　 138，　　深红海棠　072，106，120
　　　　　　　　　　140　　[神社]海棠　　　　　044
[塞山]海棠　　　　 138　　[施普伦格教授]海棠
[赛尔科]海棠　　　 138　　　　　　　　　　　042
三叶海棠　　016，018，　　[时光秀]海棠　　　　098
　　022，024，028，030，　　[斯教授]海棠　　　　042
　　032，038，048，054，　　[斯普伦教授]海棠　　042
　　068，072，082，112　　酸苹果　　　　　　　118

## T

[唐纳德]海棠　　　　052　　[天鹅绒柱]海棠　　　130
[唐纳德怀曼]海棠　　052　　[天使合唱团]海棠　　026
[糖美林]海棠　　　　012　　[甜蜜时光]海棠　　　012

## W

[完美紫色]海棠　　　122　　[王族]海棠　　122，134
[完美紫叶]海棠　　　122　　雾岛海棠　　　　　　030

## X

| | | | |
|---|---|---|---|
| 西府海棠 | 060 | [绚丽]海棠 | 124 |
| [喜洋洋]海棠 | 124 | [雪堆]海棠 | 118 |
| [香雪海]海棠 | 028 | [雪球]海棠 | 028 |
| 小果海棠 | 060 | '雪柱'海棠 | 008 |
| [秀场]海棠 | 098 | [雪坠]海棠 | 028 |

## Y

| | | | |
|---|---|---|---|
| [亚当]海棠 | 108 | [印第安魔法]海棠 | 088 |
| [亚当斯]海棠 | 108 | [印第安魔力]海棠 | 048, 088, 090 |
| '胭影'海棠 | 102 | [印第安夏天]海棠 | 090 |
| [洋溢]海棠 | 124 | [印第安之夏]海棠 | 090 |
| [摇篮曲]海棠 | 044 | 樱桃海棠 | 056 |
| [伊芙]海棠 | 032 | [勇士]海棠 | 028, 054 |
| [伊索]海棠 | 026, 062 | | |
| [饴糖]海棠 | 012, 048, 052 | | |

## Z

| | | | |
|---|---|---|---|
| [主教]海棠 | 104 | 祖米海棠 | 022, 024, 040, 042, 044, 048 |
| [主教袍]海棠 | 120 | [钻石]海棠 | 096, 102, 134 |
| 紫海棠 | 120 | | |
| [紫美人]海棠 | 110 | | |
| [紫雨滴]海棠 | 094 | | |

# 西文名称索引
(含学名、异名、商业指称和英文俗名)

## B

| | |
|---|---|
| beautiful-fruit zumi crabapple | 048 |
| Bechtel Crabapple | 058 |
| BRANDYWINE | 078 |

## C

| | |
|---|---|
| Cherry Crab | 056 |
| Chinese Apple Tree | 060 |
| Chinese Crabapple | 060 |
| CINDERELLA | 038 |
| CORALBURST | 068 |

## F

FIREBIRD 046

## G

GOLDEN RAINDROPS 006

## H

| | |
|---|---|
| Hall Crabapple | 064 |
| HARVEST GOLD | 036 |

## J

Japanese flowering crabapple 074

## L

| | |
|---|---|
| LANCELOT | 054 |
| LOLLIPOP | 016 |

## M

| | |
|---|---|
| *Malus* 'Adam' | 108 |
| *Malus* 'Adams' | 108 |

*Malus* 'Adirondack'　014
*Malus* × *adstringens*　118
*Malus* × *adstringens* 'Almey'　078, 088, 090, 118
*Malus* × *adstringens* 'Hopa'　096, 116, 124, 138
*Malus* × *adstringens* 'Kelsey'　118, 136
*Malus* × *adstringens* 'Sparkler'　096, 102, 134
*Malus* 'Angel Choir'　026
*Malus* 'Arnold Arboretum No.328-55-A'　114
*Malus* × *arnoldiana*　062, 104
*Malus* × *arnoldiana* 'Cardinal'　104
*Malus* × *atrosanguinea*　072, 106, 120
*Malus* 'Autumn Glory'　026
*Malus baccata*　050, 056, 062, 116, 126, 136, 138
*Malus baccata* 'Snowdrift'　028
*Malus* 'Branzam'　058, 078
*Malus* 'Candymint Sargent'　074
*Malus* 'Cardinal's Robe'　120
*Malus* 'Cascole'　040
*Malus* 'Cinzam'　038
*Malus* 'Coppurple'　122
*Malus* 'Coralcole'　068
*Malus* 'Crimson Cloud'　104
*Malus* 'David'　030
*Malus* × *domestica*　054
*Malus* × *domestica* 'Adam'　108
*Malus* × *domestica* 'Adams'　108
*Malus* 'Donald Wyman'　052
*Malus* 'Dorothea'　044
*Malus* 'Eve Reste'　032
*Malus* 'Exzellenz Thiel'　020
*Malus* 'Flame'　034
*Malus floribunda*　020, 062, 074, 118
*Malus floribunda* 'Kelsey'　118
*Malus* 'Foxfire'　104
*Malus* 'Golden Hornet'　022
*Malus* 'Guo Zhi Xin Yan'　136
*Malus halliana*　014, 030, 064, 072

西文名称索引 | 153

*Malus halliana* 'Parkmanii' 064
*Malus halliana* var. *spontanea* 030
*Malus* 'Hansen's Red Leaf Carbapple' 116
*Malus* 'Hargozam' 036
*Malus* 'Hoppa' 116
*Malus* 'Hoppi' 116
*Malus* 'Hub Tures' 100
*Malus hupehensis* 072
*Malus hupehensis* 'Cardinal' 104
*Malus hupehensis* 'Donald' 052
*Malus hupehensis* 'Strawberry Parfait' 072, 104
*Malus* 'Indian Magic' 048, 088, 090
*Malus* 'Indian Summer' 090
*Malus ioensis* 058, 078
*Malus ioensis* 'Klehm No.8' 078
*Malus ioensis* 'Klehm's Improved Bechtel' 058, 078
*Malus ioensis* 'Plena' 058
*Malus ioensis* 'Plena' Klehm's No.8 078
*Malus* 'Jewelberry' 018
*Malus* 'Jewelcole' 010
*Malus* 'Klehmi' 058
*Malus* 'Lanzam' 028, 054
*Malus* 'Liset' 082, 106, 112, 120, 132
*Malus* 'Lollizam' 016, 038
*Malus* 'Louisa' 070
*Malus* 'Lullaby' 044
*Malus* 'Makamik' 084
*Malus mandshurica* 022, 048
*Malus micromalus* 060
*Malus* 'Milton Baron No.1' 012
*Malus* 'Milton Baron No.2' 012
*Malus* 'Minnesota No.635' 034
*Malus* × *moerlandsii* 'Profusion' 112, 120
*Malus* 'Mollie Ann' 044
*Malus* 'Morden 457' 138
*Malus* 'Neville Copeman' 086
*Malus niedzwetzkyana* 084, 092, 106, 116, 120, 138
*Malus* 'Orange Crush' 120, 132
*Malus* 'Parrsi' 066
*Malus* 'Pink Spires' 080
*Malus* 'Pink Sunburst' 116

*Malus* 'Prairifire'　　048，048，094，098，102，106
*Malus prunifolia*　　020，050，056
*Malus prunifolia* 'Pendula'　　020
*Malus* × *purpurea*　　120
*Malus* × *purpurea* 'Eleyi'　　086
*Malus* × *purpurea* 'Lemoinei'　　078，082，112，120，130
*Malus* 'Radiant'　　124
*Malus* 'Red Baron'　　114
*Malus* 'Red Barron'　　114
*Malus* 'Red Jade'　　020，070
*Malus* 'Red Ruby'　　010
*Malus* 'Red Silver'　　092
*Malus* 'Red Splendor'　　092
*Malus* 'Red Swan'　　132
*Malus* 'Robinson'　　128
*Malus* × *robusta*　　004，008，050，056，136
*Malus* × *robusta* 'Dolgo'　　002，004
*Malus* × *robusta* 'Red Sentinel'　　050
*Malus* 'Royal Beauty'　　110
*Malus* 'Royalty'　　122，134
*Malus* 'Rudolf'　　126
*Malus* 'Rudolph'　　126
*Malus* 'Sarah'　　026
*Malus sargentii*　　024，046，066，074，100
*Malus sargentii* 'Candymint'　　074
*Malus sargentii* 'Select A'　　046
*Malus* × *scheideckeri*　　020
*Malus* × *scheideckeri* 'Red Jade'　　020
*Malus* 'Selkirk'　　138，140
*Malus* 'Sentinel'　　050
*Malus* 'Shinto Shrine'　　044
*Malus* 'Shotizam'　　098
*Malus sieboldii*　　016
*Malus* 'Simpson 328-AA'　　114
*Malus* 'Simpson 7-62'　　018
*Malus* 'Snowbank'　　118
*Malus* 'Snowdrift'　　028
*Malus spectabilis*　　060，062
*Malus spectabilis* 'Riversii'　　060
*Malus* 'Spring Glory'　　138，140
*Malus* 'Spring Snow'　　002
*Malus* 'Sunburst'　　116
*Malus* 'Sutyzam'　　012，048，052
*Malus toringo*　　016，018，022，024，028，030，032，038，048，054，068，072，082，112

| | | | |
|---|---|---|---|
| *Malus transitoria* | 006 | *Malus* 'Yan Ying' | 102 |
| *Malus transitoria* 'JFS-KW5' | 094 | *Malus* × *zumi* | 022, 024, 040, 042, 044, 048 |
| *Malus transitoria* 'Schmidtcutleaf' | 006, 094 | *Malus* × *zumi* 'Calocarpa' | 012, 022, 024, 030, 048, 052, 088, 090, 106 |
| *Malus* 'Van Eseltine' | 026, 062 | *Malus* × *zumi* 'Professor Sprenger' | 042 |
| *Malus* 'Velvetcole' | 130 | | |
| *Malus* 'Xue Zhu' | 008 | | |

## P

| | | | |
|---|---|---|---|
| Perfect Purple | 122 | Plumleaf Crab | 056 |
| Perpetu | 032 | *Pyrus spectabilis* | 060 |
| Pink Princess | 066 | | |

## R

| | | | |
|---|---|---|---|
| redbud crab | 048 | Rivers crabapple | 060 |
| redbud crabapple | 048 | Royal Raindrops | 094 |
| Red Jewel | 010 | | |

## S

| | | | |
|---|---|---|---|
| Showtime | 098 | Sugartyme | 012 |
| Siberian Crab | 056 | Suishi kaido | 064 |
| Spring Sensation | 100 | | |

## V

| | |
|---|---|
| Velvet Pillar | 130 |

## W

| | |
|---|---|
| White Cascade | 040 |

# 附录:树冠形状示意图

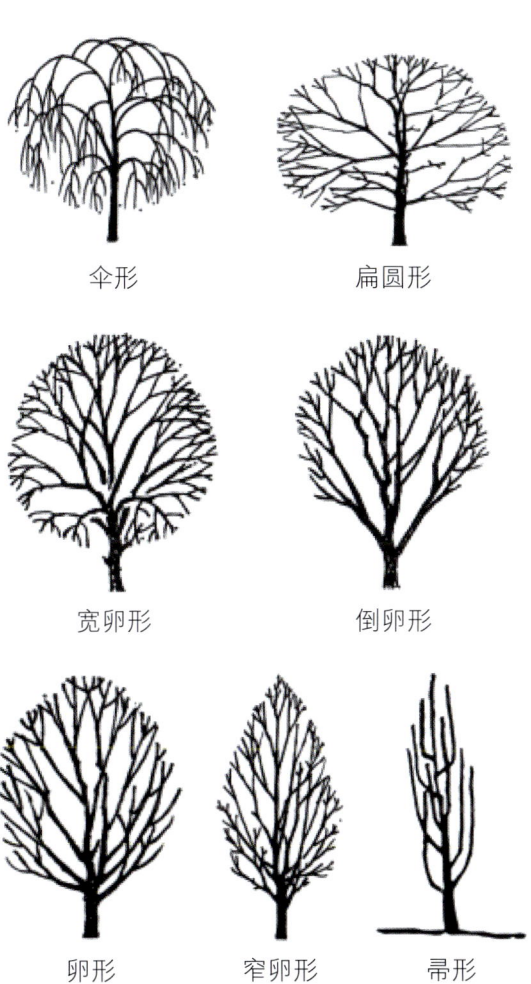